오늘부터 샐러드로 가볍고 산뜻하게

오늘의 샐러드

오늘의 샐러드를 추천합니다

바쁜 아침 간단한 아침 식사로, 날씬한 몸매를 위한 다이어트 식단으로, 채소를 싫어하는 아이들의 특별 간식으로…. 가볍고 산뜻하게 먹을 한 끼 식사거리를 찾는다면 샐러드를 준비해보세요.

날씬해지려는 젊은 여성들의 전유물로만 여겨졌던 샐러드가 요즘에는 30, 40대 남성은 물론 온가족이 즐기는 웰빙식이 되었습니다.

이런 분위기에 힘입어 샐러드 전문점이 인기를 얻고 있으며, 각 가정과 직장으로 샐러드를 배달해주는 업체들도 성업 중이에요. 백화점과 할인점 등의 유통업체에서는 샐러드 전용 코너를 갖추고 다양한 샐러드를 선보이고 있고, 식품업체들도 샐러드와 드레싱 관련 제품을 속속 시판하고 있습니다. 그야말로 샐러드가 '식탁의 주인공'인 시대가 된 셈이죠.

샐러드는 여러 가지 채소와 과일을 다양한 맛의 드레싱으로 맛을 내 신선함을 즐기는 요리입니다. 채소를 날로 가장 맛있게 먹을 수 있는 방법이기도 하고요. 식물성 섬유가 그대로 살아 있고 비타민과 미네랄이 풍부해 건강과 미용 효과도 뛰어납니다.

그동안 샐러드라고 하면 식사 전이나 후에 먹는 곁들이 메뉴라고 여겨왔는데, 이제는 당당한 한 끼 식사로 대접받고 있어요. 채소나 과일로 만드는 기본 샐러드 위에 고기·생선·해물·치즈·달걀·곡물 등으로 단백질과 지방, 탄수화물을 공급하면 맛과 영양이 업그레이드되어 훌륭한 한 끼 식사가 됩니다. 두부, 해초, 시리얼, 훈제연어, 닭고기 등의 부재료는 채소에 부족한 영양을 보충해 주고 씹는 맛을 더욱 좋게 합니다.

대표적인 건강 식단으로 꼽히는 한 끼 식사용 샐러드. 손쉽고 가볍게 먹을 수 있어 바쁜 현대인들의 라이프 스타일과 잘 어울리는 음식입니다.

이제부터 오늘의 샐러드로 날씬하고 건강한 식탁을 준비해보세요.

이 책의 계량과 레시피 기준

- 이 책의 모든 레시피는 2인 기준입니다.

- 1인분을 준비한다면 주재료와 부재료, 각종 소스와 양념류도 절반으로 줄이면 됩니다.

- 4인분을 준비한다면 주재료와 부재료는 2배로 하고, 각종 소스와 양념류는 2배보다는 조금 덜 넣되 한꺼번에 넣지 말고 간을 봐가면서 조금씩 넣는 것이 좋아요.

- 이 책의 계량 단위는 1컵=200mL, 1큰술=15mL(cc), 1작은술=5mL(cc)입니다. 계량컵과 계량스푼이 없다면 집에 있는 도구를 사용해도 됩니다. 1큰술은 밥숟가락으로 약간 소복한 정도, 1작은술은 밥숟가락의 1/3이 적당하고, 1컵은 종이컵 1컵과 같아요

Contents

샐러드 채소 고르기·손질하기

맛있는 샐러드를 만들기 위해서는 신선한 채소를 구입해서 손질을 잘해야 해요. 샐러드에 많이 쓰이는 채소 종류와 고르는 요령, 손질법, 보관법을 배워 맛있는 샐러드를 준비해보세요.

양상추

샐러드에 가장 많이 쓰는 채소. 잎이 넓고 구부러져 있어 물기를 확실히 제거해야 한다. 들었을 때 묵직하고 모양이 울퉁불퉁하지 않은 것을 고른다. 밑동에 칼집을 넣어 잎을 한 장씩 떼어내고, 먹기 좋은 크기로 자른다.

셀러리

특유의 향과 아삭거리는 맛이 좋아 샐러드에 많이 쓰인다. 줄기 끝 부분은 다져서 드레싱을 만들 때 사용한다. 고를 때는 줄기의 색이 밝고 굵기가 적당한지 살핀다. 쉽게 무르기 때문에 사용할 만큼만 씻어 손질한다.

로메인 레터스

상추의 일종으로, 시저샐러드의 주재료로 이용된다. 잎에 윤기가 나는 것이 싱싱하다. 잎이 부드럽고 연하므로 흐르는 물에 세게 씻지 말고 물을 받아서 살살 흔들어 씻는다.

비타민

비타민 A와 철분이 풍부해 샐러드용으로 많이 쓰인다. 잎이 통통하고 윤기가 도는 진한 녹색을 고른다. 손질할 때는 손으로 한 잎씩 떼어내고, 줄기 밑동은 잘라낸다. 신문지에 싸서 비닐봉지에 넣어 냉장 보관한다.

루콜라

약간 떫은맛이 나는 향긋한 이탈리아 채소로, 열무와 비슷하게 생겼다. 잎이 연한 녹색을 띠고 싱싱하며 줄기가 거세지 않고 연한 것을 고른다. 흐르는 물에 살살 흔들어 씻으면 된다.

브로콜리

비타민 C·A가 풍부해 생으로 먹거나 데쳐서 샐러드에 이용한다. 초록빛에 통통하고 단단한 것을 고르고, 손질할 때는 밑동은 자르고 송이를 나눈 뒤 물에 씻는다. 소금물에 데쳐 물기를 뺀 다음 밀폐용기에 담아 보관한다.

콜리플라워

봉오리가 단단하게 다물어져 있고 가운데가 볼록한 콜리플라워가 좋다. 줄기에 영양분이 많으므로 줄기를 버리지 말고 요리에 넣는다. 손질할 때는 밑동을 잘라내고 송이를 나누어 흐르는 물에 씻는다.

엔다이브

섬유질과 비타민 A, 철분이 풍부해 몸속 노폐물을 배출하는 데 도움이 된다. 고를 때는 잎이 빳빳하고 윤기가 흐르는 것이 좋다.

파슬리

샐러드에 넣어 먹거나 다져서 드레싱에 섞으면 좋다. 초록빛이 짙고 윤기가 나는 것을 고른다. 흐르는 물에 흔들어 씻고, 다져서 밀폐용기에 담아놓았다가 필요할 때마다 쓰면 편리하다.

겨자잎

잎 가장자리의 오글오글한 모양인 겨자잎은 씹으면 약간 매운맛이 난다. 고를 때는 가장자리가 도톰하고 잎 전체가 진한 초록색을 띠는지 살핀다. 씻어서 물기 뺀 잎들을 젖은 면포나 비닐봉지에 넣어서 냉장 보관한다.

피망·파프리카

노랑, 빨강, 주황, 초록 등 색이 선명하고 예뻐서 샐러드에 많이 이용된다. 고를 때는 색이 선명하고 통통하면서 반듯한 모양에 꼭지 부분이 마르지 않고 윤기가 나는 것을 선택한다.

크레송

'물냉이' 라고도 한다. 칼슘, 인, 철분 등 미네랄이 풍부하다. 크레송이 없을 경우 어린잎 채소로 대신하기도 한다. 시든 잎이 없는지 확인하고, 잎이 너무 크지 않은 것을 고른다.

롤로로사

겉잎에는 베타카로틴이 많이 함유되어 있어 버리지 말고 이용하는 것이 좋다. 잎이 통통하고 탄력 있으며 광택이 도는 것을 고른다. 물에 살살 흔들어 씻고, 손으로 한 잎씩 떼어낸다.

청경채

육류요리에 곁들이면 색과 영양 면에서 균형이 맞는다. 너무 큰 것은 줄기가 단단해 샐러드에 어울리지 않는다. 샐러드용으로는 작고 연한 것으로 골라 밑동을 잘라내고 한 잎씩 씻는다.

비트

칼로리가 낮아 다이어트에 좋아 샐러드에 많이 사용된다. 고를 때는 잎줄기가 선명하며 잎이 탄력 있는 것을 선택한다. 지저분한 부분을 잘라내고 깨끗한 물에 씻어서 통째로 쓰거나 손으로 뜯어 사용한다.

래디시

순환기능을 촉진하고 방부작용이 뛰어나며, 기름진 음식의 소화를 도와준다. 잎이 신선하고 무가 단단한 것을 골라 물에 씻어 사용한다.

치커리

쌈이나 샐러드에 주로 쓰며 상추, 파프리카와 잘 어울린다. 색이 진한 것은 억세므로 옅은 색을 띠고 줄기가 통통하면서 긴 것을 고른다. 손질할 때는 뿌리 끝을 자르고 잎을 한 장씩 떼어낸다.

돌나물

연한 순은 나물로 먹고 어린 줄기와 잎은 김치를 담가 먹는데 샐러드 재료로도 인기 있다. 줄기가 억세지 않은 것으로 고르고, 굵은 줄기는 다듬고 연한 잎줄기를 샐러드에 이용한다.

새싹채소

싹이 튼 지 얼마
안 된 어린 채소로
영양이 많다. 무순, 메밀
싹, 유채 싹, 양배추 싹 등
종류가 다양하다. 다른 채소와 섞거나
가니시처럼 내기도 한다. 줄기 끝을
잘라내고 물에 씻어 손질한다.

경수채

일본식 샐러드나 쌈에
주로 이용되며 특히 고기
냄새를 없애주는 효과가
있다. 잎이 연한 만큼 금방
시들어버려 얼음물에 담가두었다가
사용한다.

아스파라거스

아스파라거스는
아미노산을 다량 함유하고
있어 피로 회복에 효과적이다.
고를 때는 줄기가 연하고 굵은
것, 색이 진하고 싱싱한 것을 선택한다.
손질할 때는 셀러리처럼 끝에서부터
억센 껍질을 벗기고 사용한다.

허브

바질이나 민트가
샐러드에 많이
사용된다. 프레시
허브는 온도와
수분에 민감해 보관이 쉽지 않다. 물에
담갔다가 물기를 빼고, 키친타월에 싸서
물을 뿌려준 뒤 밀폐용기에 담아 냉장
보관한다.

케일

특유의 톡 쏘는 쓴맛이
식욕을 돋우는 효과가
있고, 신맛이 나는
드레싱과 잘 어울린다. 고를
때는 부드럽고 신선한 어린잎을 고른다.
줄기 끝을 닦아주면서 흐르는 물에 여러
번 씻어 손질한다.

라디치오

라디치오에는
쓴맛을 내는 인터빈
성분이 있어 소화를
촉진시키는 효과가 있다.
빛이 곱고 잎에 윤기가 있는 것을
고르고 한 잎씩 물에 흔들어 씻는다.

그 밖의 채소와 과일 준비하기

우리가 늘 가까이하는 호박, 감자, 오이 같은 채소들도 샐러드에 자주 쓰여요. 냉장고에 늘 두고 먹는 채소들인 만큼, 좋은 것을 골라 손질하고 보관하는 요령을 알아두는 것이 필요합니다.

채소

토마토·방울토마토 샐러드에는 손질이 간편한 방울토마토를 많이 사용한다. 고를 때는 과육이 탄탄하고 색상이 선명한 것을 선택한다. 덜 익은 것은 햇볕에 두어 익혀서 사용한다.

시금치 비타민 A와 철분이 풍부한 시금치는 잎이 부드러워 생으로 샐러드에 이용한다. 고를 때는 싱싱하고 크기가 고른 것을 선택한다. 뿌리와 시든 잎들은 잘라내고 흐르는 물에 흔들어 씻어 손질한다.

깻잎 특유의 향이 식욕을 돋우는 채소 고기가 들어간 한식 샐러드에 잘 어울린다. 옅은 색을 띠면서 여린 것을 골라 한 장씩 씻은 다음 물기를 턴다. 남은 것은 사 온 그대로 밀봉해 냉장고에 둔다.

상추 한식 샐러드에 이용하면 좋다. 너무 큰 것, 끝이 무르거나 찢어진 것은 피하고 연한 잎을 고른다. 잎과 줄기가 약하므로 물에 살살 흔들어 씻고, 물기를 잘 턴다. 종이타월에 싸서 비닐봉지에 넣어 보관했다가 먹기 직전에 씻어서 사용한다.

양배추 푸른 잎이 그대로 붙어 있고 묵직한 느낌이 드는 것을 고르고, 겉잎을 떼어내 울퉁불퉁한 것은 피한다. 신문지로 싸거나 랩으로 단단히 감아 야채실에 보관한다.

쑥갓 잎이 싱싱하고 대가 너무 굵지 않은 것으로 골라 굵은 줄기는 버리고 흐르는 물에 씻는다. 분무기로 물을 뿌려준 뒤 종이타월에 싸서 냉장 보관한다.

오이 돌기가 빳빳하고 탄탄한 것이 신선하다. 샐러드에 넣으면 물이 생기기 쉬우므로 소금에 잠깐 절여서 이용한다. 보관할 때는 신문지에 싸서 냉장고 야채실에 둔다.

호박 그릴에 구워서 샐러드로 이용하면 좋다. 무르거나 물기가 배어 나오는 것은 피하고, 모양이 고르고 표면에 윤기가 흐르는 것을 고른다. 신문지에 싸서 냉장고 야채실에 둔다.

당근 단맛이 있어 샐러드에 채 썰어 넣으면 좋다. 밑동이 검게 변해 있는 것은 묵은 것이니 주의한다. 흙이 묻은 채로 신문지에 싸서 어둡고 서늘한 곳에 보관한다.

감자 얇게 저미거나 깍둑썰어 삶아서 사용한다. 푸르스름하며 싹이 난 것은 묵은 것이니 피하고, 껍질이 얇고 단단하며 둥근 것을 고른다. 종이박스에 담아 어둡고 서늘한 곳에 보관한다.

버섯류 살이 도톰하고 광택이 나며, 주름이 하얗고 선명한 것을 고른다. 버섯은 무르기 쉬우므로 조금씩만 구입해 바로 사용한다. 남은 것은 씻지 말고 키친타월에 싸서 밀폐용기에 보관한다.

과일

오렌지·자몽·레몬 비타민C가 풍부하고 향이 좋은 시트러스 과일은 껍질을 잘게 썰어 드레싱에 이용한다. 윤기가 나고 향이 좋으며 속이 알차고 묵직한 것, 눌렀을 때 모양이 그대로 유지되는 것을 고른다.

바나나 포만감이 높고 타닌 성분이 장을 튼튼하게 해 설사와 변비를 예방한다. 밝은 노란색이 전체적으로 고른 것이 좋으며, 거뭇한 점이 생기기 시작할 때가 가장 달고 영양가가 높다.

딸기 비타민 C가 풍부해 하루 5~6개를 먹으면 하루에 필요한 비타민을 모두 섭취할 수 있다. 잘 익은 딸기는 꼭지가 마르지 않고 진한 푸른색을 띠며, 과육은 꼭지 부분까지 붉다.

키위 비타민 C가 오렌지의 2배, 비타민 E가 사과의 6배, 식이섬유가 바나나의 5배 많다. 상처가 없고 탄력이 있으며 껍질이 윤기 도는 키위를 고른다.

파인애플 비타민이 풍부해 피로 해소에 좋고, 단맛에 비해 칼로리가 높지 않아 다이어트할 때 먹기 좋다. 잎이 작고 단단하며 껍질의 1/3 정도가 노란색으로 바뀐 것을 고른다.

아보카도 당분이 적고 비타민과 미네랄이 많은 건강 과일로, 다른 재료와 잘 어우러진다. 껍질이 아주 진한 녹색이고 손으로 쥐었을 때 탄력성이 조금 느껴지는 것을 고른다.

사과 운동 전후에 먹으면 내장지방 감소와 근력 향상에 좋고, 당이 풍부해 아침에 먹으면 두뇌 활동을 돕는다. 껍질이 거칠면서 탄력이 있고 상처가 없는 것을 고른다.

블루베리 안토시아닌이 풍부해 항산화 능력이 우수하고, 눈 건강에도 좋은 슈퍼 푸드. 색이 선명하고 과육이 단단하며 겉에 하얀 가루가 많이 묻어 있을수록 당도가 높다.

포도 구연산과 펙틴, 비타민이 풍부하며 칼륨, 인, 철분 등 미네랄도 많다. 포도의 떫은맛을 내는 폴리페놀은 암이나 동맥경화 예방에 효과적이다. 알이 굵고 과육이 단단한 것을 고른다.

영양을 더하는 재료, 고기·달걀·치즈

채소와 과일만으로 부족하기 쉬운 영양은 부재료로 보완할 수 있어요. 샐러드에 영양을 더해주는 고기와 해산물, 치즈, 달걀, 콩류 등을 선택해서 손질하는 요령을 알아두세요.

고기

닭가슴살 지방이 적고 단백질이 풍부한 다이어트 식품. 살이 두껍고 윤기가 흐르며 탄력이 있는 것이 좋다. 살이 너무 흰 것은 오래된 닭이므로 엷은 분홍빛이 나는 것으로 고른다.

베이컨 훈연의 향미가 좋은 베이컨은 지방과 염분이 많아 다이어트 할 때는 피하는 것이 좋다. 유통기한을 반드시 확인하고, 개봉 후에는 공기와 닿지 않도록 밀봉해 냉동 보관한다.

쇠고기 등심 육질이 연한 등심 주위의 지방은 샐러드의 맛을 돋운다. 차돌박이와 마찬가지로 선홍색을 띠며 윤기 나는 것을 고르고, 고기 사이사이 지방이 고르게 있는지 확인한다.

훈제오리 알칼리성 식품으로, 체내에 쌓이지 않는 불포화지방산이 풍부해 다이어트에 좋고, 콜라겐이 풍부해 피부 건강에도 좋다. 마트나 정육점에서 쉽게 구할 수 있다.

해산물

새우 신선한 새우는 몸통과 머리가 단단하게 붙어 있고, 껍데기가 몸통 전체를 단단하게 감싸고 있으며, 꼬리가 빨갛고 통통한 것이 신선하다. 손질할 때는 머리와 몸통의 껍질을 벗기고 등 쪽의 내장을 제거한다.

오징어 칼로리가 낮아 다이어트에 좋지만, 콜레스테롤이 많아 지나치게 먹지 않도록 주의한다. 몸통은 투명감이 있는 적갈색을 띠며 둥글고 탄력 있는 것이 신선하다. 내장을 떼어낸 뒤 소금을 묻히거나 종이타월로 한쪽 끝을 집어 껍질을 벗겨낸다.

연어·훈제연어 오메가3 지방산과 비타민 E가 풍부하다. 살이 단단하고 탄력 있는 것을 고른다. 훈제연어는 풍미가 좋아 샐러드에 많이 쓴다. 살 때 포장 상태와 유통기한을 확인하고 냉동 보관한다. 해동한 후에는 다시 냉동하지 말고 빠른 시간 내에 먹는다.

해조류 미역, 다시마, 김, 톳, 파래 등의 해조는 요오드, 철분, 칼슘, 칼륨 등 미네랄이 풍부해 여성에게 특히 좋다. 특유의 해조류 냄새가 나는 것이 좋으며, 깨끗이 씻어 냉장 보관한다.

치즈

리코타 샐러드에 가장 많이 이용되는 치즈. 우유와 생크림, 레몬즙, 소금을 한데 넣고 끓여서 면포에 걸러 눌러서 만든다. 집에서 그때그때 만들어 쓰면 좋다.

모차렐라 부드럽고 고소한 맛이 난다. 샐러드에는 주로 생 모차렐라를 이용한다. 다양한 샐러드에 무난하게 쓸 수 있다. 쉽게 변질되므로 되도록 바로 먹는다.

체더 슬라이스 형태로 나오는 대부분이 체더치즈다. 칼슘이 풍부하고 지방이 소화되기 쉬운 형태로 들어있다. 크림색에 치즈 특유의 향이 살아 있는 것이 좋다.

카망베르 흰 곰팡이를 이용해 숙성시킨 치즈. 치즈 특유의 향미가 덜해 치즈에 익숙하지 않은 사람들이 즐기기에 좋다. 브리치즈보다 맛이 더 고소하고 진한 편.

고르곤졸라 블루치즈의 한 종류로, 푸른곰팡이가 사이사이 박혀 있고 풍미가 강하다. 크림 같은 감촉이 있어 샐러드, 파스타 등 요리의 맛을 돋우는 데 사용하면 좋다.

달걀

달걀은 필수 아미노산과 비타민, 지방, 각종 미네랄 등 영양 성분이 고루 들어있는 완전식품

이다. 다이어트를 할 때도 달걀로 단백질을 보충하는 것이 좋다. 하지만 달걀노른자에는 지방이 많으므로 너무 많이 먹지 않도록 한다. 달걀을 고를 때는 껍질이 약간 까칠까칠하며, 흔들었을 때 묵직한 것이 좋다.
달걀 속이 껍질에서 분리된 느낌이 나는 것은 오래된 것이다. 구입한 달걀은 숨구멍이 있는 뭉툭한 쪽이 위로 가게 해서 냉장실 안쪽에 넣어둔다.

콩·두부

콩은 식물성 식품 중 단백질이 가장 풍부하며, 아미노산의 종류도 육류에 비해 손색이 없다. 콩에는 특히 에스트로겐의 일종인 이소플라본이 풍부해 여성에게 좋다. 미용이나 다이어트 목적으로 샐러드를 이용할 때 콩을 자주 이용하면 골다공증을 예방할 수 있다.
샐러드에 자주 이용되는 콩으로는 강낭콩, 완두콩이 있다. 껍질콩이나 줄기콩도 샐러드 재료로 많이 쓰인다. 콩을 가공한 두부 역시 샐러드에 이용하기 좋다. 생식 두부뿐만 아니라 부침용 두부, 연두부 등 용도에 따라 이용한다. 참고로 익힌 콩은 65% 정도 소화가 되고 두부는 95% 정도 소화가 된다.

샐러드 맛 살려주는 기본 드레싱 12가지

샐러드 맛의 비결은 드레싱에 있어요. 드레싱의 재료 배합과 만들기를 익혀두면 샐러드 만들기가
아주 쉽답니다. 자주 만들어 먹는 샐러드와 그에 어울리는 드레싱을 소개합니다.

오리엔탈 드레싱

한식 또는 퓨전 샐러드

재료 간장 2큰술, 식초·설탕 1큰술씩, 참
기름·청주·다진 파·다진 마늘·깨소금 1/2
큰술씩

만들기 ① 모든 재료를 분량대로 배합한
다. ② 설탕이 녹을 때까지 잘 저어준다.

발사믹 드레싱

구운 야채, 해산물, 육류 등 다양한 샐러드

재료 발사믹 식초·올리브오일 2큰술씩, 설
탕·다진 마늘 1/2작은술씩, 소금·후춧가루
조금씩, 허브(딜, 바질, 민트, 파슬리 등) 조금

만들기 ① 허브를 제외한 모든 재료를 섞
는다. ② 거품기로 젓거나 병에 넣고 흔들
어 고루 섞이도록 한다. ③ 딜, 바질, 민트,
파슬리 중 한 가지를 다져서 넣는다.

요구르트 드레싱

과일 샐러드

재료 플레인 요구르트 50g, 생크림·식초
1큰술씩, 설탕 1작은술, 소금 조금

만들기 ① 플레인 요구르트와 생크림, 식
초를 잘 섞는다. ② 설탕, 소금을 넣고 설
탕이 녹도록 잘 젓는다.

프렌치 드레싱

과일 또는 야채 샐러드

재료 올리브오일 2큰술, 식초 1큰술, 레몬
즙·다진 파슬리 1/2큰술씩, 다진 마늘·설
탕·소금·후춧가루 조금씩

만들기 ① 올리브오일과 파슬리를 제외한
모든 재료를 한데 넣고 저어 설탕과 소금을
녹인다. ② 올리브오일을 부어가며 거품기
로 젓는다. ③ 다진 파슬리를 섞어준다.

유자 드레싱

양상추 샐러드

재료 유자청·물 2큰술씩, 식초 3큰술, 설탕·소금 1작은술씩

만들기 ① 유자청과 물, 식초를 분량대로 넣고 섞는다. ② 설탕과 소금을 조금 넣고 설탕이 잘 섞이도록 젓는다.

허니 머스터드 드레싱

치킨 또는 훈제오리 샐러드

재료 머스터드·식초·간장·꿀 1큰술씩, 마요네즈 2큰술, 양파 1/4개, 레몬즙 1작은술

만들기 ① 머스터드와 마요네즈를 섞는다. ② 양파를 잘게 다져서 ①에 섞는다. ③ 식초, 레몬즙, 간장, 꿀을 넣고 잘 섞는다.

키위 드레싱

과일 샐러드

재료 키위 1개, 양파 1/4개, 올리브오일 3큰술, 식초 2큰술, 설탕 1큰술, 소금 1작은술

만들기 ① 키위와 양파는 껍질을 벗긴다. ② 키위와 양파를 블렌더에 곱게 간다. ③ 올리브오일과 식초, 설탕, 소금을 ②에 넣고 돌려 잘 섞이게 한다.

시저 드레싱

시저 샐러드

재료 올리브오일 2큰술, 발사믹 식초·파르메산 치즈가루 1큰술씩, 레몬즙·다진 마늘 1작은술씩, 달걀노른자 1개, 소금·흰 후춧가루 조금씩

만들기 ① 액체 재료를 뺀 나머지 재료들을 블렌더에 간다. ② 나머지 액체 재료들을 넣고 섞은 다음 간한다.

사우전드 아일랜드 드레싱

채소 샐러드

재료 마요네즈 1큰술, 토마토케첩 1½큰술, 다진 달걀·다진 오이피클 1/2큰술씩, 다진 양파 ¼큰술, 소금·후춧가루 조금씩

만들기 ① 다진 양파는 소금에 절여 물기를 꼭 짜고, 오이피클도 물기를 꼭 짠다. ② 삶은 달걀은 흰자와 노른자를 곱게 다진다. ③ 준비한 재료를 모두 섞고 소금과 후춧가루로 간을 한다.

살사 드레싱

멕시칸 샐러드

재료 토마토케첩 3큰술, 할라피뇨 1개, 양파 1/8개, 셀러리 4cm, 핫소스 1/2큰술, 월계수잎 1장, 육수 3큰술, 사워크림 1큰술, 소금·후춧가루·올리브오일 조금씩

만들기 ① 할라피뇨와 양파, 셀러리를 곱게 다진다. ② 팬에 올리브오일을 두르고 양파를 볶다가 토마토케첩, 육수, 월계수잎을 넣어 끓인다. ③ 걸쭉해지면 소금, 후춧가루로 간을 하고 핫소스와 사워크림을 적당량 넣는다.

타르타르 드레싱

생선튀김 샐러드

재료 마요네즈 3큰술, 다진 양파·우유·레몬즙 1큰술씩, 다진 피클 1/2큰술, 소금·흰 후춧가루 조금씩

만들기 ① 다진 양파와 다진 피클을 마요네즈와 섞는다. ② 우유와 레몬즙을 조금씩 넣어가며 농도를 조절한다. ③ 소금과 흰 후춧가루로 맛을 낸다.

화이트 드레싱

감자 또는 단호박 샐러드

재료 생크림·마요네즈 2큰술씩, 다진 파슬리 1작은술, 소금·흰 후춧가루 조금씩

만들기 ① 생크림과 마요네즈를 같은 양씩 넣고 잘 섞어준다. ② 소금과 흰 후춧가루로 간하고 다진 파슬리나 다진 실파를 넣는다.

Tip 　자주 쓰는 한식 샐러드 드레싱 5가지

간장 드레싱 　간장에 식초와 참기름을 섞어 새콤하면서도 고소한 맛이 난다. 두부나 묵 등의 샐러드에 가장 많이 쓰이며, 담백한 닭고기 샐러드 등에도 활용하면 좋다.

고추장 드레싱 　고추장에 식초, 설탕, 청주, 사과즙, 다진 마늘 등을 섞어 만든다. 미역, 소라와 같은 해조류에 어울리고, 마요네즈를 섞어 만들면 아이들도 잘 먹는다.

된장 드레싱 　미소된장에 생크림, 겨자, 설탕, 레몬즙을 섞어 만든다. 가리비 등의 조개류와 호박·연근 등의 우리 채소에 잘 어울린다. 너무 되직하면 물을 약간 섞는다.

마늘 드레싱 　다진 마늘에 설탕, 식초, 소금을 적당히 섞어 만든다. 비린 맛을 잡는 데 효과적이다. 매운맛이 싫으면 구운 마늘을 으깨 사용한다.

고추냉이 드레싱 　간장에 고추냉이와 식초, 설탕, 물을 섞어서 드레싱을 만들어도 좋다. 구운 고기를 찍어 먹거나 고기드레싱으로 이용하면 느끼함을 잡아주고 맛이 깔끔하다.

맛있고 신선한 샐러드 만들기 노하우

샐러드는 어떤 요리보다 쉽고 간편하게 만들 수 있지만 맛내기는 쉽지 않아요. 샐러드를 맛있게 만드는 노하우는 따로 있답니다. 기본만 알아두면 신선하면서도 맛있는 샐러드를 만들 수 있어요.

채소를 씻을 때는 흐르는 물에 살살 씻는다

채소를 물에 씻을 때는 흐르는 물에 살살 씻는다. 세게 흔들어 씻으면 채소가 꺾여서 풋내가 난다. 마지막으로 씻을 때 식초를 조금 탄 정수물에 1~2분간 담가 농약 성분을 제거한다.

얼음물에 담가 싱싱함을 유지한다

물에 씻은 뒤에는 얼음물이나 찬물에 담가놓아야 싱싱함을 유지할 수 있다. 하지만 물에 너무 오래 담가놓으면 채소 맛이 빠져나가 맛이 없어질 수 있으니 주의한다.

물기는 말끔히 제거한다

샐러드용 채소는 물기 제거가 중요하다. 채소에서 물이 흘러나오면 드레싱이 묽어져서 맛이 없다. 특히 오일 드레싱이 채소의 수분과 섞이면 맛도 없고 보기에도 지저분하다. 물에 씻은 채소는 손으로 털거나 야채 탈수기로 물기를 제거한 다음 이용한다.

샐러드 성격에 맞춰 채소를 선택한다

샐러드마다 어울리는 채소가 있다. 간장이나 고추장 등을 응용하는 한식 샐러드에는 우리 채소를, 간장이나 미소된장 등을 이용한 일식 샐러드에는 일식 채소를 매치하는 게 가장 잘 어울린다. 기본 채소와 드레싱을 익혀두었다가 종류와 성격에 맞춰 준비한다.

주재료와 부재료의 크기는 비슷하게 맞춘다

음식은 맛도 맛이지만 모양새와 씹는 맛도 중요하다. 될 수 있으면 재료의 모양을 맞추는 게 좋다. 마찬가지로 샐러드도 각각의 재료를 비슷한 크기로 썰어 보기에 좋고 먹기도 편하게 준비한다.

상반되는 맛은 피하는 게 좋다

곁들이는 드레싱의 맛을 생각해서 꼭 필요한 재료가 아니라면 상반되는 맛의 재료는 되도록 피하는 게 좋다. 예를 들어 단맛 나는 과일에 새콤달콤한 드레싱을 썼다면 짭짤한 맛이 나는 해산물은 안 어울린다. 또 쌉쌀한 맛의 샐러드라면 달콤한 드레싱은 피하는 것이 좋다.

드레싱 만들 때도 순서가 있다

드레싱을 만들 때는 잘 녹는 가루와 액체 재료들을 먼저 섞는다. 그런 다음 다진 마늘·다진 고추·오일 등 잘 섞이지 않는 재료들은 나중에 넣는다. 과일 껍질을 채 썬 것이나 허브 다진 것 등 향이 나는 재료는 믹서에 돌리지 말고 제일 마지막에 넣는다.

드레싱은 마지막에 뿌린다

드레싱은 미리 준비해두었다가 마지막에 뿌려 내거나, 따로 담아서 내는 것이 좋다. 우선 조금만 얹어서 내고 먹는 중간에 보충하는 것이 좋다. 드레싱의 양이 많으면 샐러드의 모양과 맛을 망칠 수도 있으니 주의한다.

Tip　　**샐러드의 칼로리를 줄이는 노하우**

드레싱의 칼로리에 주의한다　마요네즈나 크림, 치즈 등 칼로리가 높은 재료를 이용한 드레싱은 다이어트의 적. 다이어트식 샐러드를 만들 때는 드레싱의 칼로리에 주의한다.

재료 선택에 신경 쓴다　같은 재료라도 다이어트에 도움이 되는 재료를 선택한다. 빵은 호밀빵이나 거친 통밀빵을, 육류는 닭가슴살과 살코기 부위를 이용한다.

조리 방법을 바꾼다　샐러드의 주재료를 요리할 때는 볶거나 튀기는 대신 삶거나 찌는 것이 좋다. 튀김옷은 얇게 입혀 기름 흡수가 덜 되게 한다.

소금 대신 식초를 사용한다　다이어트 중에는 음식을 되도록 싱겁게 먹는 것이 좋다. 재료를 손질할 때도 소금보다 식초에 절이고, 드레싱에 신맛을 가미해 간이 약하다는 느낌이 안 들게 한다.

드레싱은 먹기 직전에 뿌린다　드레싱은 먹기 직전에 모든 재료들이 준비된 뒤에 뿌리는 것이 좋다. 미리 뿌리면 재료에 흡수돼서 더 넣게 되고, 결국 전체 칼로리는 높아진다.

야채 탈수기(스피너)

스퀴저(즙짜기)

샐러드 볼

거품기

계량컵 & 계량스푼

분마기

드레싱 용기

치즈 그라인더(제스터)

견과류 그라인더

달걀 찜기

샐러드, 더 맛있고 신선하게 준비하기

조리도구가 제대로 갖춰져 있으면 샐러드 만들기가 한결 쉽고 편리하죠. 채소 손질에서 드레싱 준비까지, 샐러드를 보다 간편하게 만드는 데 도움이 되는 도구들을 모아봤어요.

야채 탈수기(스피너) 채반에 올려놓거나 터는 것만으로 채소의 물기가 확실히 제거되지 않을 때는 야채 탈수기가 효과적이다. 탈수기에 채소를 넣고 맷돌처럼 돌리면 탈수기가 돌아가며 물이 빠진다.

스퀴저(즙짜기) 과일의 즙을 짜는 도구. 주로 레몬이나 라임, 오렌지 같은 시트러스 과일의 즙을 짤 때 사용한다. 오렌지나 레몬을 반으로 잘라 스퀴저의 뾰족한 부분에 대고 비틀면서 눌러주면 된다.

샐러드 볼 풍성한 채소가 가득한 샐러드는 투명한 유리 볼에 넣어 먹어야 제맛! 뚜껑이 세트로 되어 있어 그대로 덮어 냉장 보관할 수 있으므로 편리하다. 플라스틱보다 유리로 된 것이 신선도가 더 오래 간다.

거품기 여러 가지 재료를 섞거나 드레싱을 만들 때 필요하다. 모양은 일자형과 둥근형이 있는데 적은 양의 액체를 저을 때는 일자형이 좋고, 달걀 거품 등을 낼 때는 둥근 게 좋다.

계량컵 & 계량스푼 계량컵과 계량스푼을 이용하면 재료의 분량을 정확하게 잴 수 있다. 많은 양의 액체는 컵으로, 적은 양의 액체나 가루는 스푼으로 재면 편리하다.

분마기 요즘엔 믹서나 분쇄기를 이용해 재료를 잘게 부수지만, 조그만 손절구를 이용하는 것도 좋다. 잎이나 열매 등의 향신료를 절구로 빻을 때 나오는 즙이 요리의 맛을 더해준다. 통깨를 빻을 때도 편리하다.

드레싱 용기 샐러드를 낼 때는 보통 드레싱을 따로 준비해두었다가 먹기 직전 뿌린다. 이럴 때 드레싱을 담는 조그만 용기가 있으면 편리하다. 따르기 쉽도록 주둥이 부분이 오므려 있거나, 손잡이가 달려 있으면 더욱 좋다.

치즈 그라인더(제스터) 단단한 덩어리 치즈를 위에 대고 갈면 치즈가 얇게 조각난다. 레몬이나 오렌지, 감귤류의 껍질을 제스트(껍질을 긁어내거나 종이처럼 얇게 벗겨낸 뒤 채 썬 것)할 때 사용해도 좋다.

견과류 그라인더 크기가 작은 잣이나 땅콩, 호두 등의 견과류를 넣고 돌리면 곱게 갈려 나오는 그라인더. 견과류를 바로 갈아 가루로 만들 수 있어 고소한 맛과 향을 유지하기에 좋다.

달걀 찜기 달걀의 개수와 원하는 익힘 정도를 설정하여 찔 수 있는 달걀 전용 찜기. 제품에 따라 물을 넣어 김으로 찌는 방식과 스테인리스에 열을 가해 찌는 방식이 있다.

Part1

Green Salad

과일채소 샐러드

신선한 샐러드 채소와 새콤달콤한 과일로 산뜻하고 가벼운 샐러드를 만들어보세요.
한두 가지 채소와 과일에 드레싱만 응용하면 매일매일 색다른 샐러드를 맛볼 수 있어요.

Green Salad

복숭아와 모차렐라 치즈 샐러드

복숭아와 사과를 주재료로 한 과일 샐러드. 신맛이 강한 과일은 샐러드를 만들면 더 맛있게 먹을 수 있어요. 계절에 따라 제철 과일을 첨가하면 맛이 더욱 살아나요.

재료(2인분)

- 복숭아(작은 것) 1개
- 사과 1/2개
- 생 모차렐라 치즈 200g
- 바질잎 5~6장
- 복숭아 드레싱
  천도복숭아 1/3개
  사과 1/4개
  양파 1/12개(10g)
  발사믹 식초 1큰술
  화이트와인 식초 1큰술
  꿀 1큰술
  바질 1~2장
  올리브오일 2큰술
  소금·후춧가루 조금씩

만드는 방법

1 복숭아·사과 썰기
복숭아와 사과는 깨끗이 씻은 뒤 과육만 도려내서 껍질째 얄팍하게 썬다.

2 바질잎 떼어놓기
생바질은 잎만 떼어서 얼음물에 담가둔다.

3 모차렐라 치즈 썰기
생 모차렐라 치즈는 적당한 크기로 슬라이스한다.

4 드레싱 만들기
블렌더에 복숭아, 사과, 양파와 나머지 재료들을 모두 넣고 굵게 갈아 복숭아 드레싱을 만든다.

5 접시에 담아 드레싱 끼얹기
접시에 모든 재료를 푸짐하게 담고 복숭아 드레싱을 끼얹는다.

Tip. 수분에 민감한 프레시 허브 보관법

+ 허브는 온도와 수분에 민감해서 금방 시들어버린다. 먼저 얼음물에 담가 싱싱한 상태로 만든 뒤 물기를 빼고 습기를 머금은 종이타월에 싸서 지퍼백에 넣어 냉장 보관한다. 이렇게 하면 2~3일간은 싱싱하게 쓸 수 있다.

투 포테이토 샐러드

감자와 고구마는 포만감이 높아 식사 대용 샐러드로 좋아요. 비타민 C와 칼륨,
섬유질이 풍부한 데다 요구르트 드레싱을 더해 장에 아주 좋답니다.

재료(2인분) _____

- 감자(중) 1개
- 고구마(중) 1개
- 사과 1/2개
- 오이 1/2개
- 오이피클 2개
- 아몬드 슬라이스 1/4컵
- 양상추 2~3장
- 요구르트 드레싱
  플레인 요구르트 1통(200g)
  메이플시럽 1큰술
  씨겨자 1큰술
  레드와인 식초 1큰술
  레몬즙 1작은술
  레몬 제스트 1개분
  다진 파슬리 1컵
  소금·후춧가루 조금씩

만드는 방법 _____

1 감자·고구마 찌기
감자와 고구마는 껍질째 깨끗이 씻은 뒤 찜통에
쪄서 사방 1.5cm 크기로 잘라 식힌다.

2 사과·오이 썰기
사과와 오이는 껍질째 깨끗이 씻어 감자·고구마
크기로 자른다.

3 오이피클·양상추·아몬드 준비하기
오이피클은 오이보다 조금 작게 자르고, 양상추는
한입 크기로 찢는다. 아몬드는 팬에 살짝 굽는다.

4 드레싱 만들기
플레인 요구르트에 나머지 드레싱 재료를 모두
넣고 섞어 요구르트 드레싱을 만든다.

5 드레싱에 버무리기
감자, 고구마, 사과, 오이를 드레싱에 살살 버무린
뒤 접시에 양상추를 깔고 샐러드를 담는다. 위에
아몬드 슬라이스를 뿌린다

Tip. 제스트란? _____

+ 오렌지, 레몬, 라임 같은 시트러스 과일(감귤류)의
  바깥쪽 껍질 부분을 기구나 칼로 얇고 가늘게 벗긴 것을
  제스트라고 한다. 요리에 시트러스 과일의 제스트를
  넣으면 향과 맛이 한결 좋아진다.

그린그린 샐러드

갖가지 샐러드 채소를 풍성하게 담고 새콤달콤한 키위 드레싱을 끼얹은 샐러드.
푸른 채소와 연두색 드레싱을 보는 것만으로도 몸이 가볍고 싱그러워져요.

재료(2인분)

- 키위 1개
- 로메인 1줌
- 비타민 1줌
- 치커리 1줌
- 루콜라 1줌
- 그린 빈스(껍질콩) 50g
- 미니 아스파라거스 3~4줄기
  소금 조금
- 키위 드레싱
  키위 1개
  양파 1/10개(15g)
  레몬즙 1큰술
  메이플시럽 1큰술
  올리브오일 2큰술
  소금·후춧가루 조금씩

만드는 방법

1 그린 빈스·아스파라거스 데치기
그린 빈스와 미니 아스파라거스는 끓는 물에
소금을 조금 넣고 살짝 데쳐 식힌다.

2 키위 납작하게 썰기
키위는 껍질을 벗기고 동글게 슬라이스한 뒤 먹기
좋게 다시 2등분한다.

3 잎채소 준비하기
로메인와 비타민, 치커리, 루콜라는 물에 씻어
물기를 턴다.

4 드레싱 만들기
키위, 양파, 레몬즙, 메이플시럽, 올리브오일 등
드레싱 재료를 한꺼번에 블렌더에 넣고 갈아 키위
드레싱을 만든다.

5 접시에 담아 드레싱 끼얹기
접시에 그린 채소와 키위를 담고 키위 드레싱을
끼얹어 완성한다.

Tip. 견과류로 영양 보충하기

+ 푸른 잎채소만으로 허전하다면 호두, 캐슈너트 등의 견과류나 크루통, 크래커 등을 넣어
영양의 균형도 맞추고 씹는 재미도 느낄 수 있다.

2

3

4

구운 사과와 브리치즈 샐러드

구운 사과의 부드럽고 달콤한 맛이 고소한 브리치즈와 참 잘 어울리는 샐러드예요.
브리치즈는 맛이 강하지 않아 우리 입맛에도 잘 맞는답니다.

재료(2인분) _____

- 사과 1개
  버터 적당량
- **호두 부순 것 조금**
- **샐러드 채소 100g**
  (치커리·겨자잎·라디치오 등)
- **브리치즈 50~70g**
- **사과 브리치즈 드레싱**
  사과 100g
  양파 1/8개(20g)
  브리치즈 20g
  호두 20g
  화이트와인 식초 2큰술
  꿀 2큰술
  올리브오일 2큰술
  레몬즙 1큰술
  소금·후춧가루 조금씩

만드는 방법 _____

1 사과·견과류 굽기
사과는 세로로 도톰하게 썬 뒤 씨와 속을
도려내고 팬에 버터를 두르고 굽는다. 호두는 마른
팬에 살짝 굽는다.

2 채소 준비하기
치커리, 겨자잎, 라디치오 등 샐러드 채소는 물에
씻은 뒤 얼음물에 담갔다가 건져 물기를 뺀다.

3 브리치즈 썰기
브리치즈는 방사형으로 잘라 긴 삼각형 모양이
되게 한다.

4 드레싱 만들기
브리치즈는 겉 부분을 칼로 도려내고, 호두는
속껍질을 벗기고, 사과는 껍질째 준비해 다른
재료와 함께 블렌더에 갈아 드레싱을 만든다.

5 접시에 담아 드레싱 끼얹기
접시에 채소를 담고 구운 사과와 치즈를 얹은 뒤
호두를 골고루 뿌리고 드레싱을 끼얹는다.

Tip. 사과의 갈변을 막으려면 _____

+ 사과는 깎아놓으면 색깔이 누렇게 변한다. 변색을 막으려면 깎은 뒤 설탕물이나 식초를 탄
물에 담가둔다. 레몬즙을 조금 뿌려도 된다.

브로콜리 비트 샐러드

비타민, 미네랄이 풍부한 브로콜리와 비트로 만든 샐러드입니다. 천연 간 해독제로
알려진 비트와 항산화 효과가 뛰어난 브로콜리로 건강 샐러드를 만들어보세요.

재료(2인분) _____

- 비트 1개
- 브로콜리 3~4송이
- 콜리플라워 3~4송이
- 캐슈너트 1/4컵
- 엔다이브 5~6장
- 요구르트 살사 드레싱
  청·홍 피망 1/4개씩
  적양파 1/8개
  옥수수 통조림 1/2컵
  파슬리 2줄기
  레몬 1개
  플레인 요구르트 1개
  파인애플주스 2큰술
  꿀 1큰술
  핫소스 조금
  소금·후춧가루 조금씩

만드는 방법 _____

1 비트 삶기
비트는 얇게 저며 썬 뒤 끓는 물에 살짝 삶는다.

2 브로콜리·콜리플라워 데치기
브로콜리와 콜리플라워는 끓는 물에 데쳐서
찬물에 헹군 후 물기를 턴다.

3 캐슈너트·엔다이브 준비하기
캐슈너트는 기름 두르지 않은 팬에 구워놓는다.
엔다이브는 잎을 떼어 찬물에 씻어 건진다.

4 드레싱 만들기
옥수수 통조림은 물기를 빼고, 레몬은 과육과
껍질을 분리해 각각 적당히 잘라둔다. 준비한 모든
재료를 블렌더에 넣고 돌린 뒤 소금과 후춧가루로
간을 맞추고 핫소스로 매운 정도를 조절한다.

5 접시에 담아 드레싱 끼얹기
채소를 고루 섞어서 접시에 담고 드레싱을 뿌린다.
비트는 다른 채소와 함께 두면 붉은 물이 들 수
있으니 미리 담아놓지 않는다.

Tip.비트 준비하기 _____

+ 비트는 다른 채소와 함께 두면 붉은 물이 들 수 있으니 미리 담아놓지 않는다. 상에 내기
  직전 비트를 올리고 드레싱을 끼얹는다. 비트를 삶을 때는 끓는 물에 소금을 조금 넣으면
  색이 더욱 선명해진다.

허브에 재운 버섯 샐러드

칼로리가 적어 다이어트 효과가 뛰어난 버섯을 듬뿍 섭취할 수 있는 웰빙 샐러드예요.
향긋한 버섯과 프레시 허브는 새콤한 발사믹 드레싱과 잘 어울려요.

재료(2인분)

- 샐러드 채소 70g
  (로메인·루콜라 등)
- 양송이버섯 4~5개
- 표고버섯 4개
- 느타리버섯 12개
- 새송이버섯 2~3개
  버섯 재움 소스
  올리브오일 1/4컵
  로즈메리 2~3줄기
  타임 3~4줄기
  소금·후춧가루 조금씩
- 발사믹 드레싱
  발사믹 식초 1/2컵
  다진 양파 2큰술
  꿀 1큰술
  씨겨자 1/2큰술
  올리브오일 3컵
  바질 2~3장
  소금·후춧가루 조금씩

만드는 방법

1 버섯 손질하기
버섯은 물에 재빨리 씻어 물기를 제거한다.
새송이는 세로로 도톰하게 2~3등분하고, 느타리는
송이를 나눈다. 양송이는 반 가르고 표고는 갓만
준비한다.

2 소스 바르고 재워서 굽기
로즈메리와 타임을 대충 다져서 나머지 재료와
섞어 재움 소스를 만든 다음 버섯에 발라 재운다.
간이 배면 팬에 기름을 두르지 않고 굽는다.

3 샐러드 채소 준비하기
로메인, 루콜라 등 샐러드 채소는 한 잎씩 떼어
적당히 자른 뒤 물에 씻어 물기를 제거한다.

4 드레싱 만들기
발사믹 식초를 약한 불에 졸여서 식힌 후 나머지
재료와 섞어 발사믹 드레싱을 만든다.

5 접시에 담아 드레싱 끼얹기
②의 구운 버섯이 식으면 접시에 채소와 함께
풍성하게 담아 드레싱을 뿌려 낸다.

Tip. 버섯은 하나씩 소스를 발라가며 재운다

+ 버섯은 흡수가 잘 되기 때문에 소스에 재울 때 특히 신경 써야 한다. 기름이 너무 많으면
느끼해지고 소금과 후춧가루의 양을 많이 하면 금세 짠맛으로 변하기 때문이다. 소스에
재울 때도 버섯 하나하나에 소스를 조금씩 발라 재우도록 한다.

감자 양송이 카르파초

감자와 양송이를 얇게 썰어 데친 뒤 드레싱에 버무렸어요. '카르파초'는 재료를 얇게
썰어 차갑게 내는 요리인데, 감자를 아삭하게 데치는 게 포인트입니다.

재료(2인분) _____

- 양송이버섯(작은 것) 5~6개
- 비타민·새싹채소 100g
- 감자(중간 크기) 2개
- 감자 밑양념
  다진 양파 1/4개분
  다진 피클 1큰술
  다진 마늘 1작은술
  식초 1큰술
  소금 1/3작은술
- 씨겨자 요구르트 드레싱
  플레인 요구르트 3큰술
  사워크림 1/4컵
  씨겨자 1컵
  레몬즙 1작은술
  실파 다진 것 2큰술

만드는 방법 _____

1 감자 데쳐서 양념하기
감자는 껍질을 벗기고 얇게 슬라이스해 끓는 물에 데치듯이 삶아 건진다. 감자가 뜨거울 때 다져 놓은 양파, 피클, 마늘과 식초, 소금을 넣고 버무려 식힌다.

2 양송이·비타민·새싹채소 준비하기
양송이는 껍질을 벗기고 세로로 얇게 저민 뒤 소금에 살짝 절였다가 종이타월로 물기를 닦는다. 비타민과 새싹채소는 찬물에 씻어 물기를 제거한다.

3 드레싱 만들기
플레인 요구르트와 사워크림, 씨겨자, 레몬즙, 실파 등 드레싱 재료를 모두 섞어 씨겨자 요구르트 드레싱을 만든다.

4 접시에 담아 드레싱 끼얹기
감자가 완전히 식으면 나머지 재료와 어우러지게 담아 드레싱을 뿌린다.

Tip. 감자 슬라이스를 고르게 하려면 _____

+ 감자 슬라이스의 모양을 고르게 하려면 껍질을 벗길 때 모양을 매만지듯 넉넉히 벗겨내고, 천천히 얇게 슬라이스한다. 슬라이서를 이용하면 한결 편리하다.

시금치 샐러드

건강식품 시금치에 고소한 베이컨을 올려 영양도 업그레이드되고 맛도 잘 어울려요.
중간중간 포도알과 호두를 올려서 고소함과 새콤함을 더했어요.

재료(2인분) _____

- 시금치 150~200g
- 베이컨 50g
- 청포도·거봉포도 1/2컵씩
- 호두 또는 캐슈너트 조금
- 수박 드레싱
  수박 100g(과육만 1컵 분량)
  포도 10알
  다진 양파 1큰술
  꿀 1작은술
  화이트와인 식초 1/2큰술
  레몬즙 1큰술
  올리브오일 2큰술
  소금·후춧가루 조금씩

만드는 방법 _____

1 시금치·포도알 씻기
시금치는 밑동을 잘라내고 깨끗이 씻어 건진다.
청포도, 거봉포도는 한 알씩 깨끗하게 씻는다.

2 베이컨 굽기
베이컨은 팬에 바짝 구워서 종이타월로 눌러
기름을 뺀 다음 한입 크기로 자른다.

3 드레싱 만들기
수박은 씨를 빼고, 포도는 껍질과 씨를 제거한 후
블렌더에 간다. 나머지 재료들을 넣고 다시 돌려
곱게 간다.

4 접시에 담아 드레싱 끼얹기
접시에 시금치와 베이컨을 고르게 담고 포도알과
호두를 듬성듬성 뿌린 다음, 드레싱을 끼얹는다.

Tip. 베이컨은 바짝 구워서 기름기를 뺀다 _____

+ 베이컨을 구울 때는 기름을 두르지 않은 프라이팬에 바짝 구워서 냅킨이나 종이타월로
  눌러 기름기를 빼준다. 그래야 샐러드에 기름이 겉돌지 않고 베이컨이 식었을 때 기름기가
  엉기는 것도 방지할 수 있다.

단호박 마늘 샐러드

통마늘과 각종 채소를 그릴에 구워서 마늘 드레싱으로 맛을 낸 샐러드. 마늘은 구워도
영양의 파괴가 없고 오히려 맛이 좋아진답니다.

재료(2인분) ———

- 감자 1개
- 고구마 1개
- 단호박 100g
- 색색의 파프리카 1/4개씩
- 주키니 1/4개
- 가지 1/2개
- 통마늘 2~3통
- 채소 밑양념
  소금·후춧가루 조금씩
  타임·로즈메리 조금씩
  올리브오일 조금
- 구운 마늘 드레싱
  마늘 10쪽
  씨겨자·발사믹 식초 1큰술씩
  올리브오일 3큰술
  소금·후춧가루 조금씩

만드는 방법 ———

1 감자·고구마·단호박 썰어서 굽기
감자·고구마는 껍질째 적당한 크기로 자르고, 단호박은 속을 파내고 껍질을 벗겨 세로로 길게 썬 후 180℃의 오븐에 20분 정도 굽는다.

2 통마늘 굽기
통마늘은 200℃의 오븐에 15~20분 정도 굽는다.

3 채소 썰어 굽기
파프리카는 속을 정리해 큼직하게 썰고, 주키니와 가지는 어슷하게 썬 후 그릴 자국이 나도록 살짝 굽는다. 다시 오븐 팬에 담고 밑양념을 뿌려 180℃의 오븐에 5분 정도 더 굽는다.

4 드레싱 만들기
마늘을 오븐이나 전자레인지에 구워 으깬 후 나머지 재료와 섞어 구운 마늘 드레싱을 만든다.

5 접시에 담아 드레싱 끼얹기
접시에 구운 채소들과 구운 통마늘을 섞어 담은 뒤 드레싱을 골고루 뿌린다.

Tip. **건강에 좋은 구운 마늘잼 만들기**———————————

+ 마늘 10통의 껍질을 벗기고 끓는 물에 삶은 뒤 발사믹 식초를 자작할 정도로 부어 약한 불에서 조린다. 수분이 날아가면 으깨어 씨겨자 1작은술, 파르메산 치즈 2큰술, 소금·후춧가루·다진 파슬리를 섞어 마늘잼을 만들어 빵에 바르거나 고기에 곁들인다.

2

3

파프리카 샐러드

파프리카는 비타민 A와 C가 아주 풍부한 채소입니다. 씹으면 단맛이 있어서 샐러드의 맛을 좋게 해줘요. 색색의 파프리카로 먹음직스러운 샐러드를 만들어보세요.

재료(2인분)

- 색색의 파프리카 1/4개씩
- 양배추 2장
- 적양배추 2장
- 치커리 조금
  화이트와인 식초 2큰술
  꿀 1큰술
- 포도 드레싱
  포도 10~15알
  양파 1/10개(15g)
  올리브오일 2큰술
  소금·후춧가루 조금씩

만드는 방법

1 채소 준비하기
파프리카는 씨와 속을 정리하고 길게 채 썬다.
양배추와 적양배추는 한 잎씩 떼어 씻은 뒤 채
썬다. 치커리는 손으로 잘게 찢는다.

2 화이트와인 식초와 꿀에 버무리기
화이트와인 식초와 꿀을 섞어 준비한 채소를 살짝
버무린다.

3 드레싱 만들기
포도 껍질을 벗기고 씨를 제거한 다음, 나머지
드레싱 재료와 함께 핸드 블랜더에 간다.

4 접시에 담아 드레싱 끼얹기
준비한 샐러드 재료를 접시에 담고 포도 드레싱을
끼얹는다.

Tip. 파프리카는 모양이 매끈한 것을 고른다

+ 파프리카를 고를 때는 모양이 매끈한 것을 선택한다. 울퉁불퉁한 것은 손질하기 힘들고
음식을 해도 모양이 살지 않는다. 손질할 때는 씨와 속을 도려내야 깔끔하다.

그릴 채소 샐러드

호박, 가지, 파프리카 등 여러 채소를 구워 발사믹 소스로 맛을 낸 샐러드.
구운 채소는 달착지근한 맛이 나고, 생채소로 먹는 것보다 영양소 흡수가 더 잘돼요.

재료(2인분) _____

- 가지 1개
- 주키니 1/2개
- 색색의 파프리카 1/2개씩
- 양파 1개
- 토마토 1개
- 소금·후춧가루 조금씩
- 로즈메리 식빵 2쪽
- 로즈메리 발사믹 드레싱
  올리브오일 6큰술
  발사믹 식초 2큰술
  로즈메리 1줄기
  소금·후춧가루 조금씩

만드는 방법 _____

1 채소 썰어 준비하기
가지와 주키니, 토마토는 깨끗이 씻어 0.2cm 두께로 썰고, 파프리카는 씨와 속을 정리해 가지와 비슷한 크기로 썬다. 양파도 비슷한 크기로 썬다.

2 그릴 팬에 채소 굽기
준비한 채소는 각각 소금, 후춧가루로 간을 해 그릴 팬에 구운 뒤 식힌다. 토마토는 물이 생기므로 맨 마지막에 굽는다.

3 드레싱 만들기
로즈메리를 다져서 나머지 재료와 모두 섞은 뒤 소금과 후춧가루로 간해 로즈메리 발사믹 드레싱을 만든다.

4 구운 채소 버무리기
구운 채소들을 로즈메리 발사믹 드레싱으로 버무려 접시에 담거나 빵에 끼워 샌드위치를 만든다.

Tip. **구운 채소를 더 맛있게 즐기려면** _____

+ 올리브오일, 소금, 후추, 프레시 타임, 로즈메리를 조금씩 넣고 섞은 뒤, 채소 썬 것을 넣고 3~4시간 정도 재웠다가 굽는다. 허브의 향이 채소에 배어서 맛이 더욱 좋아진다.

Part2

Grain Salad

곡물 샐러드

바삭한 크루통과 시리얼, 부드럽고 고소한 두부와 콩 등 다양한 곡물이 들어가 한 그릇 밥처럼 든든한 샐러드입니다. 바쁜 아침 식사 대용으로 준비하면 좋아요.

모둠 콩 샐러드

콩은 샐러드에 단백질을 보충해주는 훌륭한 재료예요. 강낭콩과 완두콩, 작두콩,
껍질째 먹는 그린 빈스 등 색색의 콩으로 모둠 콩 샐러드를 만들어보세요.

재료(2인분) ———

- 강낭콩 1/2컵
- 완두콩 1/2컵
- 작두콩 1/2컵
- 그린 빈스(껍질콩) 7~8개
- 오렌지 1/2개
- 포도 4~5알
- 엔다이브 7~8장
- 비타민 C 드레싱
  레몬즙 2큰술
  포도즙 2큰술
  오렌지즙 2큰술
  꿀 1큰술
  씨겨자 1큰술
  호두오일 1큰술 (또는 올리브오일)

만드는 방법 ———

1 콩·그린 빈스 준비하기
강낭콩, 완두콩, 작두콩은 끓는 물에 삶아 찬물에 헹군다. 캔에 들어 있는 그린 빈스는 끓는 물에 잠깐 데쳐 찬물에 헹구고 긴 것은 반 자른다.

2 오렌지·포도·엔다이브 준비하기
오렌지는 껍질을 벗겨 쪼개놓고, 포도는 껍질과 씨를 제거한다. 엔다이브는 찬물에 씻어 물기를 뺀다.

3 드레싱 만들기
레몬과 포도, 오렌지를 곱게 갈아 체에 밭쳐 즙을 만든다. 즙에 나머지 재료들을 섞는다.

4 접시에 담아 드레싱 뿌리기
접시에 재료들을 어우러지게 담고 비타민 C 드레싱을 골고루 뿌린다.

Tip. **감귤류의 속껍질은 필요에 따라 손질한다** ———

+ 귤이나 오렌지 과육의 하얀 속껍질에는 지방 흡수를 막아주는 히스페리딘이라는 물질이 있으므로 그냥 먹을 때는 벗기지 않는 게 좋다. 하지만 음식에 그대로 두면 깔끔하지 않으므로 필요에 따라 속껍질을 제거한다.

알감자 파스타 샐러드

파스타를 차갑게 해서 채소와 함께 버무려 샐러드를 만들어도 좋아요.
더운 여름 입맛을 살리는 피크닉요리나 초대요리는 물론 한 끼 식사로도 안성맞춤.

재료(2인분) _____

• 알감자 200g
• 알감자 밑간
  소금·후춧가루 조금씩
  올리브오일 2큰술
• 숏파스타 100g
• 메추리알 10개
• 방울토마토 10개
• 블랙 올리브 5개
• 브로콜리 70g
• 샐러드 채소 100g
  (로메인·루콜라·양상추 등)
• 바질 드레싱
  레드와인 식초 2큰술
  발사믹 식초 2큰술
  올리브오일·다진 양파 2큰술씩
  바질 2~3장
  토마토 80g(1/3개)
  꿀·씨겨자·다진 마늘 1작은술씩
  소금·후춧가루 조금씩

만드는 방법 _____

1 알감자 밑간해 굽기
알감자는 껍질째 씻어 밑간한다. 간이 배면
180℃의 오븐에 15~20분 정도 굽는다(또는
알감자를 삶아서 밑간한다).

2 파스타·메추리알 삶기
로텔레나 파르팔레 같은 숏 파스타를 준비해
알덴테로 삶아 건진다. 메추리알은 7~8분간 삶아
껍질을 벗긴다.

3 토마토·올리브·채소 준비하기
브로콜리는 끓는 물에 데쳐 식히고, 방울토마토와
채소는 물에 씻어 건진다. 올리브는 모양대로
자른다.

4 드레싱 만들기
모든 재료를 블렌더에 넣고 토마토 과육이 완전히
갈릴 때까지 돌려 드레싱을 만든다.

5 드레싱으로 버무리기
준비한 샐러드 재료에 드레싱을 넣고 버무려
차갑게 낸다.

Tip. **파스타 알덴테로 삶기** _____

+2인분 기준의 파스타를 삶을 때 8분 정도면 적당한데, 굵기에 따라 조금씩 달라진다.
 적당히 익었을 때 미리 꺼내서 손톱으로 잘라본다. 가운데 흰 심이 약간 남아 있는
 '알덴테'로 삶으면 파스타의 쫄깃함이 잘 느껴진다.

바게트 로메인 샐러드

서양의 상추 로메인. 시저 샐러드의 기본 재료인 로메인에 바게트나 식빵을
곁들여보세요. 간편하고 속도 든든해 아침 식사 대용으로 손색없어요.

재료(2인분) _____

- 호밀 바게트 2~3쪽
- 무화과 2개
- 로메인 10~20장
- 무화과 드레싱
  무화과 2개
  다진 양파 2큰술
  발사믹 식초 2큰술
  올리브오일 2큰술
  화이트와인 식초 1큰술
  꿀 1큰술
  레몬즙 1큰술
  바질 2~3장
  소금·후춧가루 조금씩

만드는 방법 _____

1 바게트 굽기
바게트는 1cm 두께로 썰어 토스터나 마른 팬에 살짝 굽는다. 큰 것은 적당한 크기로 자른다.

2 무화과·로메인 준비하기
무화과는 깨끗이 씻어 물기를 닦은 뒤 세로로 4등분한다. 로메인은 큼직하게 자른다.

3 드레싱 만들기
무화과의 속을 파내서 으깬 뒤 나머지 재료와 함께 블렌더에 갈아 드레싱을 만든다.

4 접시에 담아 드레싱 뿌리기
접시에 로메인, 무화과 조각, 바게트를 올린 다음 무화과 드레싱을 뿌린다.

Tip. **무화과는 속만 파내서 냉동 보관한다** _____

+ 섬유질이 풍부하고 몸에 좋은 성분이 많은 무화과는 껍질째 이용한다. 무화과는 금방 무르니 오래 보관하려면 냉동시키는 게 좋다. 속만 파내서 얼리면 주스나 드레싱, 소스 재료로 언제든 사용할 수 있다.

크루통 샐러드

Grain
Salad

수프 위에 몇 개 동동 띄워진 바삭하고 고소한 크루통. 먹는 재미를 느끼게 해주는
크루통을 샐러드에 이용해보세요. 샌드위치만큼이나 속이 든든하답니다.

재료(2인분) ⎯⎯⎯

- 크루통
  식빵 1~2쪽
  올리브오일 3큰술
  다진 마늘 1/2작은술
  파르메산 치즈가루 2큰술
  다진 파슬리 1큰술
- 방울토마토 5개
- 오이 1/2개
- 셀러리 1줄기
- 스모크 햄 50g
- 샐러드 채소 100g
  (로메인·루콜라·양상추 등)
- 이탈리안 드레싱
  올리브오일 3큰술
  레드와인 식초 1큰술
  발사믹 식초 1작은술
  다진 양파 2큰술
  꿀 1/2큰술
  다진 파슬리 1큰술
  다진 타임·로즈메리 1작은술씩
  소금·후춧가루 조금씩

만드는 방법 ⎯⎯⎯

1 크루통 만들기
식빵을 주사위 모양으로 썬 뒤 올리브오일, 다진 마늘, 파르메산 치즈가루, 다진 파슬리를 섞어 버무린다. 간이 배면 170℃의 에어프라이어에 7분간 굽는다.

2 채소·햄 썰기
방울토마토는 반 자르고, 오이와 셀러리, 햄은 크루통보다 작은 크기로 썬다.

3 샐러드 채소 씻기
샐러드 채소는 씻은 뒤 차가운 물에 담갔다가 건져 적당한 크기로 자른다.

4 드레싱 만들기
꿀, 오일, 식초를 잘 섞은 다음 나머지 재료를 넣고 드레싱을 만든다.

5 접시에 담아 드레싱 끼얹기
준비한 모든 재료를 접시에 어우러지게 담고 이탈리안 드레싱을 끼얹는다.

Tip. **딱딱해진 식빵으로 크루통 만들기** ⎯⎯⎯⎯⎯⎯⎯⎯⎯⎯

+ 오래돼 딱딱해진 식빵이나 샌드위치를 만들고 남은 식빵 가장자리를 버리지 말고 크루통을 만드는 데 사용한다. 식빵으로 만든 크루통은 수프와 샐러드의 곁들이로 좋다.

연두부 샐러드

부드러운 두부와 옥수수, 채소의 조합이 이색적인 샐러드. 저칼로리에 소화 흡수가 잘 돼 남녀노소 모두에게 좋은 건강식이에요. 두부만 있으면 쉽게 만들 수 있다는 것도 장점.

재료(2인분) _____

- 연두부 1모(250g)
- 양파 20g
- 옥수수 통조림 2큰술
- 토마토 1/2개
- 샐러드 채소 조금씩
  (로메인·치커리·숙주 등)
- 오리엔탈 씨겨자 드레싱

  간장·레몬즙·씨겨자 2큰술씩
  다시마국물 2큰술
  꿀·식초 1큰술씩
  맛술·설탕·참기름 1/2큰술씩
  참깨 1작은술
  소금·후춧가루 조금씩

만드는 방법 _____

1 연두부·양파·옥수수 준비하기

연두부는 찬물에 헹군 뒤 물기를 뺀다. 옥수수 통조림은 물기를 제거한다. 양파는 잘게 다진다.

2 토마토 준비하기

토마토는 끓는 물에 10~30초간 넣었다가 찬물에 담가 껍질을 벗긴다. 씨는 빼내고 주사위 모양으로 자른다.

3 샐러드 채소 준비하기

로메인, 치커리는 씻어서 먹기 좋게 뜯고, 숙주는 끓는 물에 잠깐 데쳐 찬물에 헹군다.

4 드레싱 만들기

씨겨자와 꿀을 다시마국물에 풀고 나머지 재료를 섞어 드레싱을 만든다.

5 접시에 담아 드레싱 끼얹기

접시에 채소와 재료를 담고 연두부는 숟가락으로 뚝뚝 떼어 올린 뒤 드레싱을 끼얹는다.

Tip. 두부는 기호에 따라 사용한다 _____

+ 두부가 건강식으로 인기를 끌면서 시중에 다양한 두부 제품이 많이 나와 있다. 단단한 부침용 두부에서부터 부드러운 연두부, 순두부, 생식두부 등 종류도 다양하다. 샐러드를 만들 때는 스타일과 기호에 따라 골라서 사용하면 된다.

두부 명란젓 샐러드

두부는 콩의 영양이 그대로 살아 있으면서 콩보다 소화가 잘 되는 건강식품이에요.
고소한 두부와 짭짤한 명란젓이 잘 어울려 한식에 곁들이 샐러드로 준비해도 좋아요.

재료(2인분) _____

- 두부 1모
- 명란젓 1개(100g)
- 무순·메밀 싹 조금씩
  소금 조금
- 참깨 드레싱
  다시마국물 큰술
  참깨 2큰술
  땅콩버터 2큰술
  간장 1/2큰술
  청주 1/2큰술
  마요네즈 1큰술

만드는 방법 _____

1 두부 준비하기
두부는 물에 한 번 헹군 뒤 소금을 살짝 뿌려 물기를 뺀 후 알맞은 크기로 자른다.

2 명란 삶아 썰기
명란은 끓는 물에 삶아서 적당한 크기로 썰거나 속살만 발라낸다.

3 무순·메밀 싹 씻기
무순과 메밀 싹은 찬물에 씻은 뒤 얼음물에 담갔다가 건져 물기를 턴다.

4 드레싱 만들기
다시마국물에 재료를 모두 넣고 잘 저어 드레싱을 만든다.

5 접시에 담아 드레싱 뿌리기
접시에 무순과 메밀 싹을 담은 뒤 두부, 명란젓을 얹고, 참깨 드레싱을 골고루 뿌린다.

Tip. **명란젓은 살짝 익혀야 맛있다** _____

+ 명란젓은 물이 끓을 때 넣어야 표면이 재빨리 응고되어 맛이 빠지지 않는다. 너무 오래 익혀도 퍽퍽해져서 맛이 없으니 끓는 물에 넣고 살짝 데치듯이 삶아낸다.

시리얼 샐러드

아침 식사로 자주 먹는 시리얼에 채소와 견과류, 각종 과일을 넣어 맛과 영양을
더했어요. 바삭한 시리얼과 상큼한 과일, 채소가 만나 한입 가득 신선한 맛이 퍼져요.

재료(2인분) _____

- 시리얼 1/2컵
- 바나나 1/2개
  버터 조금
- 딸기 5~6개
- 키위 1/2개
- 샐러드 채소 조금씩
  (양상추, 치커리, 로메인 등)
- 말린 과일 2큰술
  (블루베리 또는 크랜베리)
- 호두(또는 아몬드) 2큰술
- 딸기 요구르트 드레싱
  플레인 요구르트 50g(1/2통)
  딸기 맛 요구르트 50g(1/2통)
  딸기 2큰술
  메이플시럽·레몬즙 1큰술씩
  다진 민트 2작은술

만드는 방법 _____

1 시리얼 준비하기
다양한 시리얼 중 바삭바삭하고 입맛에 맞는 것으로 준비한다.

2 딸기·키위·바나나 준비하기
딸기는 씻어 건지고 키위는 시리얼보다 조금 크게 자른다. 바나나는 적당한 크기로 잘라 팬에 버터를 두르고 굽는다.

3 샐러드 채소 씻기
양상추, 치커리, 로메인 등 샐러드 채소는 찬물에 씻어 물기를 뺀 뒤 손으로 적당히 찢어놓는다.

4 드레싱 만들기
플레인 요구르트, 딸기 맛 요구르트, 메이플시럽, 레몬즙을 섞어 잘 풀어준 뒤 나머지 재료를 넣고 섞는다.

5 접시에 담아 드레싱 뿌리기
접시나 볼에 샐러드 재료를 적당히 섞어 담고 드레싱을 뿌린다.

Tip. 시리얼 샐러드는 물기 없이 하는 게 포인트 _____

\+ 물기가 남아 있으면 시리얼이 눅눅해지고 드레싱에 물이 고여 겉돌 수 있어 물기를 완전히 제거하는 게 중요하다. 채소를 탁탁 털고 채반에 받쳐 물기를 말끔히 제거한다.

Grain
Salad

쿠스쿠스 샐러드

좁쌀처럼 생긴 쿠스쿠스는 중동 지방의 주식 같은 곡물이에요. 뜨거운 물로 익히고,
드레싱만 끼얹어 간편하게 샐러드를 즐길 수 있어요.

재료(2인분) _____

- 쿠스쿠스(또는 차조) 1컵
- 주키니 1/4개
- 양파 1/8개
- 홍피망 1/2개
  뜨거운 물 1컵
- 옥수수 통조림 1/4컵
- 아몬드 슬라이스 2큰술
- 건포도 2큰술
- 파슬리 조금
- 시트러스 드레싱
  레몬·라임·오렌지 1개씩
  메이플시럽 1큰술
  올리브오일 1큰술
  소금·후춧가루 조금씩
  파슬리 조금

만드는 방법 _____

1 호박·양파·피망·옥수수 준비하기
주키니, 양파, 피망은 씻은 뒤 잘게 썬다. 옥수수 통조림은 체에 밭쳐 물기를 뺀다.

2 뜨거운 물 붓고 랩 씌우기
①의 잘게 썬 채소들과 쿠스쿠스를 볼에 담고 뜨거운 물을 부은 뒤 주걱으로 잘 섞는다. 볼에 랩을 씌우고 쿠스쿠스가 익도록 잠시 둔다.

3 쿠스쿠스에 견과류 섞기
쿠스쿠스가 촉촉해지면 랩을 벗기고 옥수수, 아몬드, 건포도를 넣어 섞는다.

4 드레싱 만들기
레몬, 라임, 오렌지는 껍질을 벗겨 1/2개는 즙을 내고 1/2개는 잘게 썬 뒤 나머지 재료들과 모두 섞는다.

5 접시에 담아 드레싱 섞기
준비한 재료를 접시에 담고 드레싱을 뿌려서 고루 섞는다.

Tip. 통밀을 쪄서 만든 곡물, 쿠스쿠스 _____

+ 쿠스쿠스(Couscous)는 통밀을 굵게 갈아 쪄낸 곡물로 좁쌀과 비슷해 보인다. 뜨거운 수증기로 익히기 때문에 조리하기 편리해서 서양요리에 많이 이용된다. 차조나 헴프씨드 등으로 대체해도 된다.

타이 누들 샐러드

고추의 매운맛과 라임의 새콤한 맛이 조화를 이룬 샐러드. 동남아 특유의 향신료가
들어가 이색적인 맛이 나요. 더운 여름철 입맛 돌게 하는 샐러드랍니다.

재료(2인분)

- 쌀국수(가는 것) 150g
- 새우 1/4컵
- 갑오징어 1/2마리
- 다진 돼지고기 1/2컵
- 돼지고기 밑간
  생강즙·소금·후춧가루 조금씩
  닭 육수 2컵
- 토마토 1/2개
- 양파 1/4개
- 실파 4뿌리
- 양상추 1/2통
- 청경채·고수 조금씩
- 구운 땅콩 조금
- 칠리 드레싱
  붉은 고추 1½개
  마늘 1½작은술
  설탕·레몬즙·라임즙 2큰술씩
  피시소스 1½큰술
  스리라차 칠리소스 1½큰술
  소금·후춧가루·고수 조금씩

만드는 방법

1 새우·갑오징어·돼지고기 준비하기
새우는 껍질을 벗기고, 갑오징어는 먹기 좋은 크기로 썰어 칼집을 낸다. 다진 돼지고기는 밑간을 한 뒤 30분 이상 재둔다.

2 해물·고기 익히기
닭 육수 1컵을 끓여 새우, 갑오징어를 익히고, 나머지 1컵으로는 돼지고기를 익힌다. 익힌 해물과 고기는 건져서 식힌다.

3 쌀국수 불려 데치기
쌀국수는 물에 불린 뒤 끓는 물에 데쳐서 찬물에 헹구어 건진다.

4 채소 준비하기
토마토는 납작하게 썰고, 양상추와 청경채는 적당히 뜯어 씻고 물기를 뺀다. 양파는 굵게 채 썰고, 실파는 적당한 길이로 자른다.

5 드레싱 만들어 버무리기
모든 재료를 블렌더에 넣고 갈아 드레싱을 만든다. 드레싱 1/2로 국수와 해물을 먼저 버무린 뒤 접시에 나머지 재료와 함께 담고 남은 드레싱을 끼얹는다. 마지막에 구운 땅콩과 고수를 뿌린다.

Tip. 피시소스와 스리라차 칠리소스

+ 태국요리에 꼭 필요한 소스가 피시소스와 스리라차 칠리소스다. 스리라차 칠리소스는 매콤해서 볶음이나 국물요리에 넣으면 산뜻하다. 피시소스는 요리의 감칠맛을 좋게 해주며, 우리나라의 액젓과 비슷하다.

Grain
Salad

삼색 묵 샐러드

묵은 칼로리가 낮고 포만감이 큰 다이어트 음식이죠. 쌉쌀한 도토리묵, 야들야들한
청포묵과 우무묵에 봄채소를 곁들여 참기름 드레싱으로 무쳐보세요.

재료(2인분)

- 도토리묵 1/2모
- 청포묵 1/2모
- 우무묵 1/2모
- 묵 밑간
  참기름·소금 조금씩
- 쑥갓·돌나물 조금씩
- 베이비 채소 조금
- 참기름 드레싱
  간장 1큰술
  식초·깨소금 1큰술씩
  다진 파 2작은술
  다진 마늘 1작은술
  참기름·고춧가루 1/2큰술씩
  꿀 1작은술

만드는 방법

1 묵 썰어 데치기
세 종류의 묵을 2cm 크기의 주사위 모양으로
썬 뒤 청포묵은 끓는 물에 3~4분 정도 데치고,
우무묵은 1분 정도 데친다.

2 참기름·소금에 버무리기
묵을 모두 섞어 참기름과 소금에 살짝 버무린다.

3 채소 준비하기
쑥갓과 돌나물, 베이비 채소는 흐르는 물에 씻은
뒤 얼음물에 담갔다가 물기를 빼둔다.

4 드레싱 만들기
간장, 식초, 깨소금을 고루 섞고 다진 파와 마늘을
넣어 참기름 드레싱을 만든다.

5 접시에 담아 드레싱 뿌리기
작은 잎채소와 묵을 고르게 섞어서 접시에 담고
그 위에 드레싱을 골고루 뿌려 완성한다.

Tip. 묵은 칼에 물을 묻혀 가며 썬다

+ 묵을 썰다 보면 칼에 달라붙어 모양이 깔끔하지 않게 된다. 이럴 때는 칼에 물을
  묻혀가면서 썰면 달라붙지 않아 썰기가 쉽다.

부꾸미를 올린 삼색나물 샐러드

명절이 지나고 나면 남게 되는 것이 도라지, 고사리, 숙주나물 같은 나물들이죠.
색색의 나물과 쫄깃한 찹쌀 부꾸미를 올려 그럴듯한 요리로 변신시켜보세요.

재료(2인분) _____

- 애호박 1/2개
- 도라지·숙주 100g씩
- 고사리 50g
- 쇠고기(채 썬 것) 100g
- 어린 잎채소 조금씩
  (배추 속잎·깻잎순·쑥갓 등)
- 고기 양념
  간장 1큰술
  다진 파·다진 마늘 1작은술씩
  참기름·깨소금 1작은술씩
  설탕·소금 조금씩
- 찹쌀 부꾸미
  찹쌀가루·멥쌀가루 1/2컵씩
  끓인 물 적당량
  소금 조금
- 두반장 드레싱
  두반장·육수·설탕·식초 2큰술씩
  굴소스 1/2큰술
  다진 파 1큰술
  참기름 조금

만드는 방법 _____

1 채소 준비하기
애호박은 얇게 썰고, 도라지는 씻은 뒤 기름 두른 팬에 소금을 조금 넣고 볶는다. 숙주는 끓는 물에 데치고, 고사리는 삶은 것으로 준비해 물에 여러 번 씻은 뒤 적당히 자른다.

2 고사리·쇠고기 양념해 볶기
고사리와 쇠고기는 고기 양념에 재웠다가 팬에 볶는다.

3 부꾸미 만들기
찹쌀가루와 멥쌀가루를 반씩 섞어 끓는 물로 되직하게 반죽한 다음, 기름 두른 팬에 익힌다. 식으면 한입 크기로 썬다.

4 드레싱 만들기
두반장, 굴소스, 다진 파 등 재료를 한꺼번에 섞어 드레싱을 만든다.

5 접시에 담아 드레싱 뿌리기
채소를 접시에 풍성하게 담고 부꾸미를 올린 다음 두반장 드레싱을 위에 뿌려 완성한다.

Tip. **중국의 2대 소스, 두반장과 굴소스** _____

+ 두반장과 굴소스는 중국의 대표적인 소스다. 두반장은 콩과 붉은 고추로 만들고, 굴소스는 생굴을 발효시켜 만든다. 굴소스가 없다면 간장과 멸치 액젓을 반반씩 섞고, 두반장은 고추장으로 대신해도 된다.

구운 떡과 피망 샐러드

흰떡을 노릇노릇하게 구워서 살짝 구운 피망, 버섯과 함께 버무린 샐러드. 굴소스 대신
간장과 참기름, 참깨를 배합해 만든 오리엔탈 드레싱을 끼얹어도 좋아요.

재료(2인분)

- 떡볶이용 떡 또는 가래떡 200g
- 색색의 파프리카 1/2개씩
- 양파 1/4개
- 애느타리버섯 50g
- 치커리 조금
  소금 조금
- 굴소스 드레싱
  굴소스 2큰술
  간장·맛술 1큰술씩
  참기름 1큰술
  육수 또는 생수 1/3컵
  설탕·통깨 1작은술씩
  다진 파 1큰술
  다진 마늘 1작은술

만드는 방법

1 떡 굽기

떡볶이용 떡이나 가래떡을 준비해 한입 크기로
자른 뒤 마른 팬에 노릇하게 굽는다.

2 채소 다듬어 썰기

파프리카는 속을 정리해 한입 크기로 썰고, 양파도
같은 크기로 썬다. 애느타리버섯은 가닥을 나누고,
치커리는 한입 크기로 자른다.

3 파프리카·양파·버섯 굽기

파프리카, 양파, 버섯에 소금 간을 해서 팬에 살짝
굽는다.

4 드레싱 만들기

팬에 기름을 두르고 다진 파·마늘을 볶다가
굴소스를 넣고 볶는다. 나머지 재료를 넣고
바글바글 끓으면 불을 끄고 식힌다.

5 접시에 담아 드레싱 끼얹기

구운 떡과 버섯, 채소들을 접시에 보기 좋게 담고
드레싱을 끼얹는다.

Tip. 샐러드처럼 즐기는 간장떡볶이

+ 같은 재료에 간장떡볶이 양념을 해도 좋다. 떡은 간장과 참기름으로 밑간하고, 버섯은 고기
양념으로 무친 뒤 팬에 함께 볶는다. 굵게 썬 피망, 양파, 당근을 넣어 좀 더 볶으면 맛있는
간장떡볶이 샐러드가 된다.

Part3

Seafood Salad

해산물 샐러드

푸른 채소에 바다 내음 가득한 생선과 조개, 해초 등 각종 해산물이 어우러져 더욱 싱그러운
샐러드예요. 칼로리가 적고 단백질과 미네랄이 풍부해 다이어트 식사로 훌륭해요.

구운 연어 샐러드

샐러드에는 연어회나 훈제연어를 많이 쓰지만, 구운 연어를 이용하면 색다른 맛이
나요. 부드럽고 고소한 구운 연어와 레몬 딜 드레싱의 상큼함을 느껴보세요.

재료(2인분) _____

- 연어 100g
  소금·후춧가루 조금씩
  화이트와인 조금
- 샐러드 채소 조금씩
  (로메인·비타민·시금치 등)
- 미니 아스파라거스 5~6개
- 레몬 1/4쪽
- 딜·통후추 조금씩
- 레몬 딜 드레싱
  올리브오일 3큰술
  레몬즙 2큰술
  꿀·다진 딜 1큰술씩
  씨겨자 1/2큰술
  소금·후춧가루 조금씩
  통후추(또는 레드 페퍼콘) 조금

만드는 방법 _____

1 연어 재워서 굽기
연어는 소금, 후춧가루, 화이트와인을 뿌려 30분 정도 재운 뒤 기름 두른 팬에 굽는다. 식으면 한입 크기로 떼어낸다.

2 채소 손질하기
샐러드 채소는 물에 씻은 뒤 찬물에 담갔다 건져서 먹기 좋게 뜯는다. 미니 아스파라거스는 끓는 물에 데치고, 레몬은 4쪽으로 나눈다.

3 레몬즙 뿌리기
접시에 채소를 보기 좋게 담고 구운 연어를 올린 뒤 레몬을 즙 내어 뿌린다.

4 드레싱 만들기
올리브오일과 레몬즙, 딜 등 드레싱 재료를 한데 섞어 레몬 딜 드레싱을 만든다.

5 접시에 담고 드레싱 끼얹기
③의 샐러드에 딜과 통후추를 뿌린 뒤 드레싱을 끼얹는다.

Tip. **구운 연어는 결대로 자른다** _____

+ 연어는 구우면 살이 부서지기 쉽다. 칼로 자르기보다는 결대로 떼어내는 것이 좋다.
  연어를 와인에 재울 때 딜을 다져서 함께 섞어도 좋다.

해초와 조개 샐러드

다양한 해초가 향긋한 바다 냄새를 풍기는 해산물 샐러드. 매콤 새콤한 생강 간장 드레싱을 끼얹어 맛이 깔끔해요. 해초와 조개는 살찔 염려가 없답니다.

재료(2인분) _____

- 모둠 해초 200g
- 모시조개 200g
  저민 마늘 조금
- 죽순 50g
- 샐러드 채소 조금씩
  (치커리·루콜라 등)
- 생강 간장 드레싱
  간장·다진 실파 2큰술씩
  식초·레몬즙 1작은술씩
  설탕 1작은술
  참기름·생강즙 1작은술씩
  레몬 제스트 조금
  후춧가루 조금

만드는 방법 _____

1 해초 씻기
해초는 찬물에 한두 번 헹구어 건지고, 염장 해초는 30분 정도 물에 담갔다가 씻어 건진다.

2 모시조개 손질해 익히기
모시조개는 소금물에 담가 해감을 뺀 뒤 끓는 물에 저민 마늘을 넣고 함께 삶는다. 조개가 입을 벌리면 꺼내어 살을 발라낸다.

3 죽순·샐러드 채소 준비하기
통조림 죽순은 깨끗이 씻어 빗살 모양을 살려 썬 뒤 끓는 물에 데친다. 샐러드 채소는 물에 씻어 물기를 빼둔다.

4 드레싱 만들기
레몬 껍질로 제스트를 만든 뒤 나머지 재료와 모두 섞어 드레싱을 만든다.

5 드레싱으로 버무려 접시에 담기
준비한 해초와 조개, 샐러드 채소를 드레싱으로 살살 버무린 다음 접시에 먹음직스럽게 담는다.

Tip. **조개 해감 빼내기** _____

+ 조개는 입 속에 모래가 들어 있어 잘못 손질하면 모래가 씹힌다. 그렇기 때문에 소금물에 담가 해감을 빼야 한다. 신문지나 검은 비닐봉지를 덮어 어두운 환경을 만들어주면 해감이 잘 빠진다.

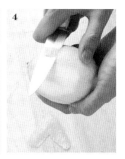

코코넛 커리 새우 샐러드

건강 향신료 커리를 이용한 웰빙 샐러드. 독특한 향이 매력인 커리는 식욕을 자극해
입맛을 살려주는 효과가 있답니다. 코코넛 밀크를 섞어 매콤하면서도 부드러워요.

재료(2인분) _____

- 쌀국수 30g
- 새우(중간 크기) 6마리
  소금·후춧가루·카레가루 조금씩
- 청경채 3포기
- 숙주 1/2줌
- 라임 1/2개
- 코코넛 커리 드레싱
  코코넛 밀크 1컵
  다진 마늘 1작은술
  카레가루 1큰술
  피시소스 1큰술
  닭 육수 3큰술
  설탕·소금·후춧가루 조금씩
  올리브오일 조금

만드는 방법 _____

1 쌀국수 준비하기
쌀국수는 찬물에 불린 뒤 끓는 물에 담갔다가
건진다.

2 새우·청경채·숙주 준비하기
새우는 껍질을 벗긴 뒤 소금, 후춧가루, 카레가루에
재워놓는다. 청경채와 숙주는 다듬어 씻고 물기를
빼둔다.

3 드레싱 만들기
팬에 오일을 두르고 코코넛 밀크, 다진 마늘,
카레가루, 피시소스, 닭 육수를 넣어 섞는다.
가루가 곱게 풀리면 나머지 재료와 새우를 넣고
익힌다. 마지막에 설탕, 소금, 후춧가루로 간한다.

4 접시에 담아 드레싱 뿌리기
쌀국수를 접시 아래에 깔고 나머지 재료를 얹은
뒤 준비한 라임의 반은 접시에 올리고, 나머지는
즙을 내서 뿌린다. 마지막에 드레싱을 끼얹는다.

Tip. **카레가루는 덩어리지지 않게 잘 푼다** _____

+ 카레가루는 가루째 넣으면 덩어리지기 쉬우므로 잘 풀어서 넣는 것이 좋다. 볶으면서 풀기
어렵다면 먼저 닭 육수에 갠 후 넣는다.

구운 가리비 샐러드

쫄깃하면서 담백한 가리비에 매콤 달콤한 미소 머스터드 드레싱으로 맛을 낸 샐러드.
가리비는 고단백 저칼로리인데다 리보플라빈이 풍부해 다이어트에 아주 좋답니다.

재료(2인분) _____

- 가리비 100g
- 새싹채소 1줌
- 실파 2뿌리
- 미소 머스터드 드레싱
미소된장 2큰술
화이트와인 2큰술
물 2큰술
맛술 1큰술
설탕·꿀 1작은술씩
겨자 1/2큰술
생크림 2~3큰술

만드는 방법 _____

1 가리비 준비하기
가리비 관자를 준비해 물에 살짝 헹군 뒤 물기를
제거하고 마른 팬에 살짝 굽는다.

2 새싹채소·실파 준비하기
새싹채소는 물에 헹군 뒤 찬물에 담갔다가 건진다.
실파는 다듬어 씻은 뒤 송송 썬다.

3 드레싱 만들기
팬에 생크림을 뺀 나머지 재료를 부어 끓이다가
생크림을 넣고 조금 더 끓여 드레싱을 만든다.

4 접시에 담아 드레싱 끼얹기
접시에 채소와 구운 가리비를 골고루 올린 뒤,
드레싱을 끼얹고 송송 썬 실파를 얹는다.

Tip. 가리비는 살짝 익힌다 _____

+ 가리비는 키조개의 일종으로, 껍질 속의 관자를 이용한다.
생으로 먹어도 되고 살짝 익혀서 먹어도 좋다. 익힐 때는
겉만 익힌 미디엄 상태가 가장 좋다. 너무 익히면 질겨져서
제대로 된 맛을 느끼기 힘들다.

모둠 해산물 샐러드

새우, 오징어, 홍합, 가리비 등 여러 종류의 해산물을 데쳐서 산딸기 드레싱으로 맛을
낸 샐러드. 해산물은 살짝만 익혀야 맛이 부드럽답니다.

재료(2인분) _____

- 칵테일 새우(큰 것) 6마리
- 오징어(작은 것) 1마리
- 홍합 4개
- 가리비 4개
- 셀러리 1대
- 양파 1/4개
- 양송이버섯 3~4개
- 오렌지 1/2개
- 양상추·롤라로사 적당량
  닭 육수(또는 채소 육수) 3컵
  레몬즙 조금
- 산딸기 드레싱
  냉동 라즈베리 1/4컵
  화이트와인 식초 큰술
  다진 파슬리 1큰술
  오렌지주스 2큰술
  올리브오일 3큰술
  소금·후춧가루 조금씩

만드는 방법 _____

1 해산물 손질하기

새우는 레몬즙을 뿌린다. 오징어는 내장과 껍질을
제거한 뒤 칼집을 내고 적당히 썬다. 홍합은 문질러
씻은 후 해감을 뺀다. 가리비는 살을 꺼내어 씻는다.

2 채소·과일 준비하기

셀러리는 겉껍질을 벗긴 뒤 4~5cm로 토막 낸다.
양파는 굵게 채 썰고, 양송이는 세로로 길게 썬다.
양상추와 롤라로사는 한 잎씩 떼어 씻고, 오렌지는
쪽을 나눈다.

3 채소·해산물 데치기

닭 육수를 끓이다가 셀러리, 양파, 양송이 순으로
넣어 30초 정도 데쳐서 건진다. 데친 물을 다시
끓여 해산물을 넣고 데친 뒤 건져 식힌다.

4 드레싱 만들기

냉동 라즈베리를 블렌더에 간 뒤 나머지 재료를
넣고 마저 간다. 소금·후춧가루로 간해 산딸기
드레싱을 만든다.

5 접시에 담아 드레싱 끼얹기

데친 채소와 해물이 식으면 접시에 담고 드레싱을
끼얹는다.

Tip. **식초와 어울리는 라즈베리** _____

+ 라즈베리는 식초의 맛과 향을 좋게 해주기 때문에 과일식초인 와인 식초와 잘 어울린다.
  라즈베리가 없다면 국산 산딸기를 넣어도 좋다.

골뱅이 미나리 샐러드

쫄깃한 골뱅이와 향긋한 미나리가 잘 어울리는 샐러드예요. 고추장 드레싱으로
매콤 달콤 새콤하게 맛을 내 가벼운 술안주나 심심풀이용 간식으로 제격이에요.

재료(2인분) _____

- 골뱅이 200g
  마늘즙 1작은술
  간장 1작은술
  고추기름 조금
- 미나리·돌나물·무순 100g씩
- 목이버섯 3~4개
- 고추장 드레싱
  고추장 2큰술
  식초 1/2큰술
  레몬즙·설탕 1큰술씩
  고추기름 1작은술
  참기름 1작은술
  다진 마늘 1/2작은술
  후춧가루 조금

만드는 방법 _____

1 골뱅이 준비해 볶기
골뱅이는 해감을 빼내고 찜통에 찐 뒤 속을
파내어 얇게 저민다. 팬에 마늘즙과 간장,
고추기름, 얇게 저민 골뱅이를 넣어 볶는다.

2 미나리·돌나물·무순 준비하기
미나리는 다듬어 적당한 길이로 썬다. 돌나물과
무순은 물에 씻어 물기를 뺀다.

3 목이버섯 불리기
목이버섯은 미지근한 물에 불린 뒤 큰 것은
자른다.

4 드레싱 만들기
고추장, 식초, 레몬즙 등 재료를 모두 넣고 잘 섞어
고추장 드레싱을 만든다.

5 접시에 담아 드레싱 함께 내기
접시에 미나리와 돌나물, 무순을 고루 담고,
골뱅이와 목이버섯을 올린 뒤 고추장 드레싱을
함께 낸다.

Tip. 통조림 제품은 끓는 물에 데친다 _____

+ 통조림 골뱅이를 사용할 때 끓는 물에 데쳐 식품첨가물을
  없앤다. 골뱅이를 꺼내 체에 쏟고 끓는 물을 부어 소독하면
  보다 위생적이다.

Seafood
Salad

훈제연어 샐러드

연어를 훈연·가공한 훈제연어는 단백질, 비타민은 물론 불포화지방산까지 풍부해요.
활동량이 많은 여름철 신선한 채소와 함께 산뜻한 샐러드로 즐겨보세요.

재료(2인분) ____

- 훈제연어 70g
  레몬즙·딜 조금씩
  후춧가루 조금
- 달걀 2개
- 샐러드 채소 조금씩
  (루콜라·상추 등)
- 케이퍼 2큰술
- 미모사 드레싱
  삶은 달걀노른자 1개분
  다진 적양파 30g
  다진 파슬리 3큰술
  올리브오일 3큰술
  레드와인 식초 2큰술
  소금·후춧가루 조금씩

만드는 방법 ____

1 훈제연어 밑간하기
슬라이스된 훈제연어를 레몬즙과 딜, 후춧가루로
밑간해서 재운다.

2 달걀 삶아 4등분하기
달걀은 끓는 물에 15분 정도 완숙으로 삶아
4등분한다.

3 샐러드 채소 씻기
루콜라, 상추 등 샐러드 채소는 물에 씻은 뒤
찬물에 담갔다가 건져 물기를 제거한다.

4 드레싱 만들기
올리브오일, 레드와인 식초, 소금, 후춧가루를 잘
섞은 뒤 다진 적양파와 파슬리, 달걀노른자를 고루
섞어 드레싱을 만든다.

5 접시에 담아 드레싱 함께 내기
접시에 샐러드 채소와 훈제연어, 달걀을 담고
케이퍼를 골고루 뿌린 뒤 드레싱과 함께 낸다.

Tip. 연어의 비린내를 없애려면 ____

+ 연어와 궁합이 가장 잘 맞는 허브가 딜이다. 허브는
신선하지 않은 재료의 맛을 보완해준다. 연어는 신선도가
떨어지면 비린내가 나기 쉬운데 화이트와인과 딜,
후춧가루에 2~3시간 재워놓으면 비린내를 줄일 수 있다.

문어 셀러리 샐러드

문어는 단백질이 풍부하고 지방과 칼로리가 낮아 다이어트에 좋아요. 쫄깃한 맛이
일품인 문어에 쌉쌀한 고추냉이 드레싱을 곁들여 샐러드를 만들어보세요.

재료(2인분) _____

- 문어 200g
  소금 적당량
  레몬즙 조금
- 셀러리 2대
- 오이 1/2개
- 래디시 2개
- 양파 1/3개
- 치커리 조금
- 여린 셀러리잎 조금
- **고추냉이 마요네즈 드레싱**
  고추냉이 1/2큰술
  마요네즈 2큰술
  플레인 요구르트 2큰술
  다진 생강·다진 실파 2큰술씩
  레몬즙 1큰술
  소금·후춧가루 조금씩

만드는 방법 _____

1 문어 준비하기
문어는 머리를 자르고, 소금으로 빨판을 주물러
씻는다. 끓는 물에 10분 정도 데치고, 레몬즙을
뿌려 식힌 뒤 어슷하게 저민다.

2 셀러리·오이·래디시·양파 썰기
셀러리는 겉껍질을 벗겨 4~5cm 길이로 어슷하게
썰고, 오이는 껍질을 벗겨 동글게 저민다. 래디시는
슬라이스하고, 양파는 적당한 크기로 자른다.

3 치커리·셀러리 씻기
치커리와 여린 셀러리잎은 씻은 뒤 찬물에
담갔다가 건져 물기를 뺀다.

4 드레싱 만들기
생강과 실파를 다진 뒤 나머지 재료와 섞어
드레싱을 만든다.

5 드레싱으로 버무리기
준비한 샐러드 재료에 고추냉이 마요네즈
드레싱을 섞어 잘 버무린 뒤 그릇에 담는다.

Tip. **포인트로 사용하면 예쁜 래디시** _____

+ 무의 일종인 래디시는 빛깔이 예뻐 요리 장식이나 샐러드의 포인트로 많이 사용된다.
  부드러운 매운맛이 나며, 샐러드에 넣을 때는 얇게 슬라이스해서 날것으로 이용한다.

Seafood Salad

굴튀김 샐러드

튀김옷에 치즈가루를 섞어 튀긴 굴과 신선한 채소를 허브 타르타르 드레싱과 함께
먹는 샐러드. 제철인 굴로 만들면 맛과 영양이 최고랍니다.

재료(2인분)

- 굴 100g
  화이트와인·레몬즙 조금씩
  밀가루 1컵
  달걀 1개
  식용유 적당량
- 튀김옷
  빵가루 1컵
  파르메산 치즈가루 1큰술
  다진 파슬리 1큰술
  레몬 제스트 1/2개분
- 샐러드 채소 조금씩
  (치커리·돌나물·상추 등)
- 양파 1개
- 허브 타르타르 드레싱
  파슬리 50g
  레몬즙 1/2개분
  생수 1큰술
  마요네즈 5큰술
  양파·케이퍼 20g씩
  오이피클 30g
  소금·후춧가루 조금씩

만드는 방법

1 와인·레몬즙에 굴 재우기
굴은 물에 씻어 화이트와인과 레몬즙에 재워둔다.

2 튀김옷 만들기
빵가루, 파르메산 치즈가루, 다진 파슬리, 레몬 제스트를 섞어 튀김옷을 만든다.

3 튀김옷 입혀 튀기기
와인과 레몬즙에 재워둔 굴의 물기를 제거한 뒤 밀가루와 달걀물을 묻히고, 튀김옷을 입혀 160℃의 기름에 튀긴다.

4 샐러드 채소·양파 준비하기
샐러드 채소는 찬물에 씻어 물기를 뺀다. 양파는 가늘게 채 썰어 찬물에 담가 매운맛을 뺀다.

5 드레싱 만들기
파슬리, 레몬즙, 생수를 먼저 블렌더에 간 뒤 마요네즈, 오이피클, 케이퍼 다진 것을 한데 섞어 드레싱을 만든다.

6 접시에 담아 드레싱 끼얹기
각종 채소를 보기 좋게 담고 굴 튀김을 얹은 뒤 드레싱을 끼얹는다.

Tip. **굴튀김을 할 때 물기를 제거한다**

+ 굴에 물기가 있으면 튀김옷이 잘 벗겨진다. 수분을 제거한 뒤 튀김옷을 입히고, 꼭꼭 눌러 튀김옷이 달라붙게 한다. 여분의 가루는 털어내야 튀김옷이 벗겨지지 않고 깔끔하다.

물오징어 초고추장 샐러드

데친 물오징어에 도라지와 깻잎, 상추를 넣고 매콤 새콤한 초고추장 드레싱을 끼얹어
한식 샐러드를 만들었어요. 물오징어 초고추장 샐러드는 밥반찬으로도 잘 어울려요.

재료(2인분) ───────

- 물오징어 1마리
- 도라지 100g
- 도라지 절임 물
  소금 1/2큰술
  설탕 1큰술
  식초 1½큰술
- 깻잎 10장
- 상추 3장
- 깐 밤 3개
- 대추 4~5개
- 초고추장 드레싱
  고추장 1큰술
  고춧가루 1큰술
  식초·물엿 1큰술씩
  통깨 1큰술
  간장 1/2큰술
  설탕 1작은술

만드는 방법 ───────

1 물오징어 손질해 데치기
물오징어는 내장을 제거하고 껍질을 벗긴 뒤 끓는
물에 데쳐서 다리 굵기로 가늘게 썬다.

2 도라지 씻어 절이기
도라지는 적당한 길이로 잘라 소금으로 주물러
씻은 뒤 소금·설탕·식초에 20분 정도 재웠다가
물기를 꼭 짠다.

3 깻잎·상추·밤·대추 준비하기
깻잎과 상추는 찬물에 씻어 물기를 뺀 뒤 채
썬다. 밤은 얇게 저미고, 대추는 씨를 발라낸 뒤
2~3등분한다.

4 드레싱 만들기
재료를 모두 넣고 고루 섞어 초고추장 드레싱을
만든다.

5 접시에 담아 드레싱 끼얹기
모든 재료를 골고루 섞어 접시에 담고 초고추장
드레싱을 끼얹는다.

Tip. **도라지는 밑손질이 중요하다** ───────────

+ 도라지는 아린 맛이 강해 밑손질이 중요하다. 껍질을
  벗기고 쪼갠 뒤 적당한 길이로 자른 뒤 소금을
  넣고 바락바락 주물러 쓴맛을 빼고 물에 담그거나
  소금·설탕·식초에 재웠다가 사용한다.

칠리 새우 샐러드

볶은 새우와 채소를 스위트 칠리 드레싱에 버무려 맛을 낸 중화풍 샐러드. 새우에
녹말가루를 입혀서 튀기면 특별한 일품요리 깐쇼새우가 됩니다.

재료(2인분) _____

- 칵테일 새우(중간 크기) 200g
- 청·홍피망 1/2개씩
- 청·홍고추 1개씩
- 양파 1/3개
  다진 마늘 1/2큰술
  청주·고추기름 조금씩
- 샐러드 채소 조금씩
  (치커리·레드 치커리·상추 등)
- 스위트 칠리 드레싱
  토마토케첩 3큰술
  고추기름·설탕 2큰술씩
  칠리소스·청주 1큰술씩
  두반장 1/2작은술
  끓는 육수 1/2컵
  소금·후춧가루 조금씩
  녹말물 2큰술

만드는 방법 _____

1 끓는 물에 새우 헹구기
냉동 칵테일 새우는 해동한 뒤 끓는 물을 한 번
부어 헹군다.

2 재료 준비하기
피망과 고추는 씨를 빼고 2mm 정도로 잘게 썰고,
양파도 같은 크기로 썬다. 치커리, 상추 등 샐러드
채소는 물에 씻은 뒤 물기를 뺀다.

3 팬에 볶기
팬에 고추기름을 두르고 양파, 다진 마늘을 볶다가
고추, 피망, 새우를 넣는다. 새우가 익으면 청주를
넣고 마저 볶는다.

4 드레싱 만들기
토마토케첩, 고추기름, 설탕, 칠리소스, 청주,
두반장 육수를 넣고 끓인 뒤 소금, 후춧가루로
간하고 녹말물로 농도를 맞춰 드레싱을 만든다.

5 드레싱 버무려 내기
③의 새우에 드레싱을 잘 버무린다. 접시에 샐러드
채소를 담고 드레싱에 버무린 새우를 올린다.

Tip. 깐쇼새우를 만들려면 _____

+ 칵테일 새우를 해동해서 소금, 후춧가루, 청주, 달걀흰자로 양념하고 녹말가루를 묻힌다.
170~180℃ 기름에 튀겨 스위트 칠리소스에 버무리면 맛있는 깐쇼새우가 된다.

흰 살 생선 샐러드

부드러운 흰 살 생선에 해선장 드레싱을 끼얹어 우리 입맛에 잘 맞아요. 해선장은
굴소스와 비슷하면서 새콤 달콤한 맛이 더해져 샐러드 소스에 이용하면 좋아요.

재료(2인분) _____

- 흰 살 생선(도미 또는 대구) 200g
  소금·후춧가루·청주 조금씩
  올리브 오일 조금
- 팽이버섯 20g
- 샐러드 채소 조금씩
  (비타민·로메인·겨자잎 등)
- 해선장 드레싱
  해선장 2큰술
  생수 2큰술
  다진 파 2큰술
  레몬즙 1/2큰술
  고추기름 1작은술
  간장 1작은술
  다진 생강 1/3작은술
  후춧가루·통깨 조금씩

만드는 방법 _____

1 흰 살 생선 준비해 굽기
흰 살 생선은 살만 발라내 소금, 후춧가루, 청주에
30분간 재워둔다. 간이 배면 기름 두른 팬에 구워
한입 크기로 자른다.

2 팽이버섯 손질하기
팽이버섯은 밑동을 자르고 씻어 물기를 뺀 뒤
가닥가닥 떼어둔다.

3 샐러드 채소 손질하기
비타민, 로메인, 겨자잎 등 샐러드 채소는 물에
씻은 뒤 찬물에 담갔다가 건져 물기를 뺀다.

4 드레싱 만들기
해선장과 생수, 고추기름, 간장 등 재료를 섞어
해선장 드레싱을 만든다.

5 접시에 담아 드레싱 끼얹기
접시에 샐러드 채소와 생선을 담고 팽이버섯을
고루 올린 뒤 해선장 드레싱을 끼얹는다.

Tip. **생선 살이 부서지지 않게 하려면** _____

+ 생선살은 굽거나 자를 때 결대로 부서지기 쉽다. 이럴 때는 녹말가루나 밀가루에 살짝 굴려
가루는 털어준 뒤 달군 팬에 기름을 두르고 재빨리 굽는다. 녹말가루를 묻히면 표면이
응고돼 살이 부서지지 않고 깔끔하다.

게살 아보카도 샐러드

쫄깃한 게살과 고소한 아보카도가 먹음직스러운 샐러드. 아보카도는 필수 아미노산과 불포화지방산이 풍부해 아이들이나 여성들에게 특히 좋아요.

재료(2인분) _____

- 아보카도 1개
  소금·후춧가루 조금씩
- 게맛살 200g
- 샐러드 채소 조금씩
  (치커리·롤라로사 등)
- 핫도그 빵 2개
- 셀러리 요구르트 드레싱
  다진 셀러리 3큰술
  다진 양파 2큰술
  다진 파슬리 2큰술
  플레인 요구르트 1통(200g)
  마요네즈 4큰술
  레몬즙·다진 호두 2큰술씩
  씨겨자 2작은술
  소금·후춧가루 조금씩

만드는 방법 _____

1 아보카도 준비하기
아보카도는 껍질을 벗기고 씨를 뺀 뒤 도톰하게 슬라이스해서 소금·후춧가루를 뿌린다. .

2 게맛살 찢기
게맛살은 결대로 큼직큼직하게 찢는다.

3 샐러드 채소 준비하기
치커리, 롤라로사 등 샐러드 채소는 씻은 뒤 찬물에 담갔다가 건져 물기를 뺀다.

4 드레싱 만들어 버무리기
셀러리와 양파, 파슬리를 곱게 다진 뒤 나머지 재료와 섞고 소금, 후춧가루로 간한다. 찢은 게맛살을 드레싱에 살살 버무린다.

5 샌드위치에 샐러드 끼우기
접시에 샐러드 채소와 아보카도를 담은 뒤 드레싱에 버무린 게맛살을 맨 위에 올린다. 빵 사이에 끼워서 샌드위치를 만들어도 좋다.

Tip. 아보카도는 잘 익은 것을 고른다 _____

+ 아보카도는 잘 익은 것이 고소하고 맛있다. 덜 익은 것은 호일에 싸서 가스레인지 옆에 두거나 바나나와 함께 봉투에 담아두면 갈색빛이 돌며 완숙된다. 잘 익은 것은 조금만 비틀어도 저절로 껍질이 벗겨진다.

1

2

Part4

Meat Salad

육류 샐러드

담백한 고기와 신선한 채소가 어울려 맛과 영양의 균형이 잡힌 가장 이상적인 샐러드예요.
고기는 적은 양으로도 많은 에너지를 낼 수 있어 조금만 먹어도 속이 든든하답니다.

차돌박이 샐러드

양지머리 뼈에 붙은 기름진 부위인 차돌박이는 부드럽고 고소한 맛이 특징이죠.
각종 채소에 바삭하게 구운 차돌박이를 올리면 든든한 한 끼 샐러드로 그만입니다.

재료(2인분) _____

- 배추 속잎 7~8장
- 쑥갓·돌나물·깻잎 조금씩
- 차돌박이 100g
  소금·후춧가루 조금씩

- 매운 고추 드레싱
  고춧가루 1큰술
  고추장 1/2큰술
  간장 2큰술
  레몬즙 2큰술
  식초 1큰술
  설탕 1/2큰술
  쇠고기 육수 1/2컵
  다진 마늘 1작은술
  통깨·참기름 1작은술씩

만드는 방법 _____

1 배추 씻기
배추는 노랗고 여린 속잎을 골라 물에 씻은 뒤
물기를 빼둔다.

2 샐러드 채소 준비하기
쑥갓, 돌나물, 깻잎은 다듬어 씻어 물기를 뺀 뒤
먹기 좋은 크기로 자른다.

3 차돌박이 굽기
차돌박이는 소금·후춧가루를 뿌려서 팬에 바짝
굽는다.

4 드레싱 만들기
고추장, 간장, 레몬즙 등 재료를 모두 섞어 매운
고추 드레싱을 만든다.

5 접시에 담고 드레싱 끼얹기
접시에 채소와 구운 고기를 어우러지게 담고,
매운 고추 드레싱을 함께 낸다.

Tip. **고기는 맨 나중에 굽는다** _____

+ 샐러드를 준비할 때 고기는 맨 나중에 구워야 야들야들한 제맛을 즐길 수 있다. 일찍
  구우면 고기가 뻣뻣해져서 맛이 없고 고기의 기름이 하얗게 굳어 볼품이 없기 때문이다.

훈제오리 샐러드

스모크 향 나는 훈제오리와 샐러드 채소에 오렌지 드레싱을 끼얹어 내는 간편 샐러드.
불포화지방산이 풍부한 오리고기는 오븐에 구우면 담백하고 맛이 좋아요.

재료(2인분) _____

- 훈제오리(가슴살) 150g
- 오렌지 1개
- 상추 4~5장
- 트레비소·겨자잎 조금씩

- 오렌지 드레싱
  졸인 오렌지즙 2큰술
  올리브오일 2큰술
  발사믹 식초 1큰술
  레몬즙1큰술
  다진 양파 1큰술
  다진 바질잎 1큰술
  씨겨자1작은술
  꿀 1작은술

만드는 방법 _____

1 훈제오리 준비하기
훈제오리는 가슴살로 준비해 에어프라이어나 팬에
구운 뒤 종이타월로 기름기를 닦아준다. 식으면
먹기 좋은 크기로 자른다.

2 오렌지 잘라 즙내기
오렌지는 과육만 발라내 반은 먹기 좋게 자르고,
반은 드레싱에 사용한다.

3 샐러드 채소 씻기
트레비소, 겨자잎 등 채소는 씻은 뒤 찬물에
담갔다가 건져 물기를 빼고, 큰 것은 적당한
크기로 자른다.

4 드레싱 만들기
남겨둔 오렌지 절반을 은근한 불에 졸인 뒤
나머지 재료와 모두 섞어 오렌지 드레싱을 만든다.

5 접시에 담고 드레싱 끼얹기
샐러드 채소를 접시에 담고 오렌지와 훈제오리를
골고루 올린 뒤 오렌지 드레싱을 끼얹는다.

Tip. 샐러드의 맛을 살리는 오렌지즙 _____

+ 오렌지즙을 졸이면 향이 진해지고 당도가 높아져 샐러드 드레싱의 맛이 더욱 살아난다.
  오렌지즙이 반 정도 줄어들 때까지 졸이면 된다. 졸인 오렌지즙 대신 100% 오렌지주스를
  사용해도 좋다.

타이 비프 샐러드

피시소스와 매운 고추, 라임주스와 설탕이 들어간 드레싱으로, 태국요리 특유의
다양한 맛을 동시에 느낄 수 있는 샐러드. 맛과 영양을 한 번에 챙길 수 있어요.

재료(2인분) _____

- 쇠고기 등심(스테이크용) 100g
- 쇠고기 밑간
  피시소스·브랜디 1큰술씩
  간장 1/2큰술
  설탕 1작은술
  후춧가루 조금
- 토마토 1개
- 셀러리 2대
- 양파 1/2개
- 양상추·치커리 조금씩
- 땅콩 2큰술

- 홍고추 드레싱
  다진 홍고추 1큰술
  다진 고수 1큰술
  라임주스·피시소스 3큰술씩
  설탕 1/2큰술
  다진 땅콩 1작은술

만드는 방법 _____

1 쇠고기 밑간해 굽기
쇠고기는 두툼하게 저며서 밑간을 한 뒤 2시간
정도 재운다. 고기에 간이 배면 그릴에 구워 식힌
뒤 먹기 좋은 크기로 썬다.

2 채소 준비하기
토마토는 슬라이스하고, 셀러리는 길게 자르고,
양파는 채 썬다. 양상추, 치커리는 찬물에 씻어
물기를 뺀 뒤 손으로 찢어놓는다.

3 드레싱 만들기
홍고추와 고수 등 재료를 한꺼번에 섞어 홍고추
드레싱을 만든다.

4 드레싱에 버무려 접시에 담기
쇠고기와 채소들을 드레싱으로 버무려서 접시에
담고 마지막에 토마토와 땅콩을 뿌린다.

Tip. **태국의 맛 제대로 내기** _____

+ 태국 요리는 한 가지 요리에 단맛, 짠맛, 신맛 등 다양한 맛이 적절히 어우러진 특징이 있다.
보통 짠맛은 피시소스로 내고, 단맛은 코코넛 설탕으로, 신맛은 라임즙을 이용한다.

일본식 스테이크 샐러드

구운 쇠고기와 샐러드 채소, 유자 드레싱의 조화가 특별한 맛을 내는 샐러드. 기름기가
적은 등심이나 안심 부위를 사용해 칼로리 걱정 없이 든든한 한 끼로 안성맞춤.

재료(2인분) ────

- 쇠고기(등심 또는 안심) 100g
  소금·후춧가루 조금씩
  올리브오일 조금
- 마늘종·셀러리잎 3줄기
- 백일송이버섯 1/2봉지
- 샐러드 채소 조금씩
  (새싹채소·경수채 등)
- 유자 드레싱
  유자청 다진 것·청주 1/2큰술씩
  식초·유자즙 1큰술씩
  간장 1½큰술
  강판에 간 무 1/4컵
  다진 실파 1큰술
  생수 3큰술

만드는 방법 ────

1 쇠고기 밑간하기
쇠고기는 스테이크용으로 준비해 칼등으로 두드린
뒤 소금·후춧가루·올리브오일에 재워둔다.

2 마늘종·버섯 준비하기
마늘종은 적당한 길이로 자르고, 백일송이버섯은
물에 잠깐 헹궈 물기를 닦는다. 손질한 마늘종과
버섯은 센 불에 볶아 소금 간을 한다.

3 샐러드 채소 준비하기
새싹채소, 경수채 등 샐러드 채소는 찬물에 씻어
건져 물기를 뺀다.

4 고기 구워 썰기
밑간한 고기에 간이 배면 팬이나 오븐에 구워
적당한 크기로 썰어놓는다.

5 드레싱 만들어 끼얹기
유자즙, 유자청, 청주 등 모든 재료를 섞어
드레싱을 만든 뒤 준비한 재료를 모두 담고 유자
드레싱을 끼얹는다.

Tip. 간장이나 고추냉이 드레싱으로 응용해도 좋다 ────────

+ 스테이크 샐러드는 한식 드레싱이 잘 어울린다. 유자 드레싱 대신 간장에 식초와 참기름을
섞은 간장 드레싱이나 간장에 식초와 설탕, 고추냉이를 섞은 고추냉이 드레싱을 사용해도
깔끔하고 좋다.

1

5

닭가슴살 춘권피튀김 샐러드

담백한 닭가슴살과 오븐에 구워 오독오독 씹히는 맛이 별미인 춘권피, 각종 채소와
버섯, 땅콩이 어우러진 샐러드. 간장, 식초로 맛을 낸 오리엔탈 드레싱과 잘 어울려요.

재료(2인분) _____

- 닭가슴살 50g
  치킨스톡(큐브) 1/2개
  물 1컵
- 양송이버섯 3개
  소금·후춧가루 조금씩
- 방울토마토 5개
- 셀러리 1/2대
- 오이 1/2개
- 샐러드 채소 조금씩
  (양상추·비타민·치커리 등)
- 춘권피 5장
  올리브오일 조금
- 땅콩 2큰술
- 오리엔탈 드레싱
  간장 1½큰술
  닭 육수 2큰술
  식초 1큰술
  참기름·통깨 1/2큰술씩
  메이플시럽 1/2작은술
  레몬즙·생강즙 1작은술씩

만드는 방법 _____

1 닭가슴살 삶기
물 1컵에 치킨스톡 1/2개를 넣고 끓이다가
닭가슴살을 넣고 삶는다. 익으면 건져서 식힌 뒤
손으로 잘게 찢는다.

2 채소 준비하기
양송이는 얇게 저미며 소금·후춧가루로 간해
살짝 볶는다. 방울토마토는 씻어 반으로 가르고,
셀러리와 오이는 적당한 크기로 썬다. 샐러드
채소는 찬물에 씻어 건진 뒤 큰 것은 자른다.

3 춘권피 오븐에 굽기
춘권피는 3~4cm 길이의 스틱 모양으로 자른 뒤
오일을 발라 180℃의 오븐이나 에어프라이어에
7~8분 굽는다. 프라이팬에 구워도 된다.

4 드레싱 만들어 끼얹기
재료를 한꺼번에 잘 섞어 오리엔탈 드레싱을
만든다. 접시에 재료를 담고 드레싱을 골고루 뿌린
뒤 구운 춘권피와 땅콩을 올린다.

Tip. **닭고기 육수 준비하기** _____

+ 닭고기 육수는 닭뼈를 푹 삶아서 우려낸 물로 만든다.
  요리에 쓰고 남은 닭뼈로 육수를 넉넉히 만들어 냉동
  보관하면 편리하다. 닭 육수 대신 치킨스톡을 써도 좋다.

Meat
Salad

프라이드치킨 샐러드

치킨 샐러드는 식사 대용으로 많이 선택하는 메뉴입니다. 보통 닭가슴살을 많이
사용하지만 여기서는 치킨 너겟을 넣어 더욱 맛있는 샐러드를 만들었어요.

재료(2인분) _____

- 치킨 너겟 100g
- 피망 1/2개
- 래디시 2개
- 양상추 2장
- 샐러드 채소 조금씩
  (치커리·롤라로사 등)
- 블랙 올리브 3~4개
- 허니 머스터드 드레싱
  마요네즈 3큰술
  연겨자·꿀 1큰술씩
  레몬즙 1작은술
  다진 파슬리 1/2큰술
  소금·후춧가루 조금씩

만드는 방법 _____

1 너겟 튀기기
냉동 너겟은 튀김기나 프라이팬에 바삭하게
튀긴다. 너겟 대신 프라이드치킨을 찢거나 썰어서
준비해도 된다.

2 채소 준비하기
피망은 씨와 속을 정리해 네모지게 썰고 블랙
올리브와 래디시는 얇게 슬라이스한다. 양상추와
샐러드 채소는 찬물에 씻어 건져 적당히 자른다.

3 드레싱 만들기
마요네즈, 연겨자, 꿀, 레몬즙을 한데 넣고
거품기로 잘 젓다가 다진 파슬리와 소금,
후춧가루를 넣고 섞어 드레싱을 만든다.

4 접시에 담아 드레싱 끼얹기
접시에 채소와 너겟을 섞어 담고 허니 머스터드
드레싱을 끼얹는다.

Tip. **그린 올리브와 블랙 올리브** _____

+ 그린 올리브는 덜 익은 열매를 그대로 절이거나 씨를 뺀 자리에 토마토를 넣은 것으로,
칵테일 장식에 쓰인다. 완전히 익은 블랙 올리브는 피자나 샐러드에 곁들인다. 그린
올리브는 짠맛이 강하며 풋내가 나고, 블랙 올리브는 쌉쌀한 맛이 난다.

Meat Salad

돼지고기 파인애플 샐러드

돼지고기는 단백질, 지방, 비타민 B₁이 풍부해 값싸게 영양을 섭취할 수 있는
식품입니다. 파인애플과 토마토로 맛을 낸 돼지고기 샐러드, 아이들도 무척 좋아해요.

재료(2인분)

- 돼지고기(목등심) 200g
- 토마토 2개
- 파인애플 슬라이스 1쪽
- 샐러드 채소 조금씩
  (비타민·로메인 등)

- 토마토 드레싱
  파인애플 슬라이스 1/2쪽
  토마토케첩 1/2컵
  토마토소스 1/2컵
  핫소스 1작은술
  양파 30g
  생강즙 1/2작은술
  꿀 1큰술
  간장 2큰술
  후춧가루 조금
  월계수잎 2장

만드는 방법

1 돼지고기 준비하기
돼지고기는 살코기로 준비해 먹기 좋은
크기로 저민다. 토마토 1개를 블렌더에 갈아서
돼지고기를 2시간 정도 재운 뒤 팬에 바싹 굽는다.

2 토마토 껍질 벗겨 자르기
나머지 토마토 1개는 뜨거운 물에 담갔다가 건져
껍질을 벗긴 뒤 적당한 크기로 자른다.

3 파인애플 썰고 채소 씻기
파인애플은 슬라이스된 것을 준비해 한입 크기로
자른다. 통조림 파인애플을 써도 된다. 샐러드
채소는 찬물에 씻어 건져 적당히 자른다.

4 드레싱 만들기
파인애플 슬라이스, 토마토케첩, 핫소스 등 재료를
한꺼번에 블렌더에 갈아 토마토 드레싱을 만든다.

5 접시에 담아 드레싱 끼얹기
접시에 채소와 과일, 고기가 어우러지도록 담은 뒤
드레싱을 골고루 끼얹는다.

Tip. 고기는 센 불에서 굽는다

+ 고기를 구울 때는 센 불에서 단시간에 구워야 맛있다. 재빨리 구워내기 위해서는 고기를
  얇게 썰고, 한 장씩 넓게 펴서 굽는다.

도가니 샐러드

도가니는 쫄깃하고 야들야들한 맛이 좋아 수육으로 많이 먹죠. 수육 대신 여러 가지
새싹채소를 넣고 새콤한 간장 드레싱을 곁들여 샐러드를 만들어보세요.

재료(2인분)

- 도가니 100g
- 도가니 양념
  참기름·깨소금 1작은술씩
  다진 마늘 1작은술
  다진 파 1큰술
  소금·후춧가루 조금씩
- 새싹채소 조금씩
- 통깨 조금

- 실파 간장 드레싱
  간장·레몬즙 2큰술
  식초·꿀·통깨 1큰술
  다진 실파 2큰술
  다진 풋고추 1큰술
  다진 마늘 1작은술
  참기름·고춧가루 1작은술
  후춧가루 조금

만드는 방법

1 도가니 준비하기
도가니는 적당한 크기로 토막 내서 찬물에 담가 핏물을 빼낸 뒤 끓는 물에 삶는다. 뽀얀 국물이 나오면서 도가니가 익으면 건져서 썰고 식으면 도가니 양념에 버무린다.

2 새싹채소 씻기
메밀 싹 등 새싹채소는 찬물에 씻어 건진다.

3 드레싱 만들기
간장, 레몬즙, 실파 등 모든 재료를 넣고 잘 섞어 드레싱을 만든다. 식초와 꿀, 고춧가루는 입맛에 맞게 조절한다.

4 접시에 담아 드레싱 끼얹기
커다란 접시에 새싹채소, 도가니를 차례로 얹고 통깨를 뿌린 뒤 실파 간장 드레싱을 끼얹는다.

Tip. 칼슘·칼륨이 풍부한 도가니

+ 도가니는 영양이 풍부하고 씹히는 맛이 좋아 영양곰탕으로 많이 끓여 먹는다. 소의 무릎 연골에 해당하는 도가니는 칼슘과 칼륨이 풍부해 뼈가 약한 사람이나 성장기 어린이에게 특히 좋다.

1,2

3

닭강정 샐러드

새콤달콤 바삭한 닭강정과 상큼한 레몬 드레싱의 조화가 일품인 닭강정 샐러드.
식사 대용으로는 물론 손님상 메뉴나 술안주로도 그만이에요.

재료(2인분) _____

- 닭가슴살 200g
- 닭 밑간 소스
  양파 1/8개
  마늘 1/2큰술
  청주 1큰술
  소금·후춧가루 조금씩
- 녹말가루 1/2컵
- 식용유 적당량
- 닭강정 소스
  간장·설탕·식초 1½큰술씩
  꿀 1/2큰술
- 샐러드 채소 조금씩
  (비타민·무순 등)
- 땅콩 1큰술
- 레몬 1/4개
- 허니 레몬 드레싱
  레몬즙 3큰술
  간장 1½큰술
  설탕 1큰술
  다진 마늘 1/2큰술
  깨소금 1작은술
  올리브오일 2큰술

만드는 방법 _____

1 닭가슴살 밑간해 튀기기
닭가슴살은 손가락 크기로 썬다. 닭 밑간 소스
재료를 블렌더에 곱게 갈아 손질한 닭가슴살을
20분 정도 재운다. 간이 배면 녹말가루를 묻혀서
160℃ 기름에 튀겨낸다.

2 닭강정 소스 만들어 버무리기
프라이팬에 닭강정 소스를 넣고 바글바글 끓인 뒤
튀긴 닭을 넣고 골고루 비무린다.

3 땅콩·레몬·샐러드 채소 준비하기
땅콩은 다지고, 레몬은 껍질을 얇게 벗겨 채 썬다.
샐러드 채소는 찬물에 씻어 건져 물기를 뺀다.

4 드레싱 만들기
마늘은 다지고, 레몬은 즙을 짠 뒤 나머지 재료와
섞어 허니 레몬 드레싱을 만든다.

5 접시에 담아 드레싱 끼얹기
접시에 채소를 담고 닭강정을 가운데 올린 뒤
다진 땅콩과 채 썬 레몬, 드레싱을 끼얹는다.

Tip. 닭고기는 양파즙에 재운다 _____

+ 양파는 닭고기 밑간에 가장 효과적이다. 고기의 육질을
  연하게 하고, 양파 특유의 향이 닭의 누린내를 없애준다.

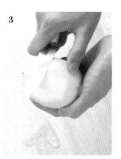

삼계 샐러드

닭과 궁합이 맞는 인삼으로 만든 보양 샐러드. 부드러운 다리는 삼계탕으로, 퍽퍽한
가슴살은 샐러드로 만들어보세요. 색다른 맛을 발견할 수 있을 거예요.

재료(2인분) ———

- **통닭 1마리**
- **닭 삶는 물**
  수삼 2뿌리
  통마늘 1개
  대파 1대
  통후추·소금 조금씩
  물 넉넉한 양
- **수삼 1뿌리**
- **대추 5개**
- **밤 3개**
- **오이 1/2개**
- **깻잎(또는 깻잎순) 조금**

- **잣 겨자 드레싱**
  다진 잣 1/3컵
  연겨자·꿀 1작은술씩
  파인애플주스 4큰술
  식초 2큰술
  마늘 1/2작은술
  소금·후춧가루 조금씩

만드는 방법 ———

1 닭 삶기
닭을 손질한 뒤 수삼, 통마늘, 대파, 통후추, 소금을 넣고 물을 넉넉히 부어 1시간 정도 푹 삶는다.

2 닭가슴살 찢기
닭이 충분히 익으면 건져서 식힌 뒤 닭가슴살만 발라내 손으로 찢는다.

3 부재료 준비해 볶기
수삼, 대추, 밤은 씻은 뒤 어슷하게 썰고, 오이는 세로로 반 갈라 어슷하게 썬 뒤 소금에 절여 물기를 짠 뒤 기름 두른 팬에 살짝 볶는다.

4 드레싱 만들기
다진 잣, 연겨자, 꿀 등 재료를 한꺼번에 블렌더에 넣고 갈아 잣 겨자 드레싱을 만든다.

4 드레싱에 버무려 접시에 담기
샐러드 재료에 드레싱을 넣고 버무려 접시에 담고 깻잎순을 올린다.

Tip. **닭을 통째로 삶아 용도에 맞게 사용한다** ————

+ 흔히 샐러드에는 닭가슴살을 이용하지만, 통째로 삶아서 용도에 따라 나누어도 좋다. 살만 발라서 식혀 샐러드에 사용하고, 나머지는 삼계탕으로 먹으면 일석이조다.

오늘부터 샐러드로 가볍고 산뜻하게

오늘의 샐러드

요리 | 박선영
어시스트 | 하연정 이근영

사진 | 전성곤
어시스트 | 김우석 이과용
스타일링 | 민송이 민들레

편집 | 김소연 김민주 홍다예 이희진
디자인 | 한송이
마케팅 | 장기봉 이진목 최혜수

인쇄 | 금강인쇄

초판 1쇄 | 2024년 7월 1일
초판 2쇄 | 2024년 9월 1일

펴낸이 | 이진희
펴낸 곳 | (주)리스컴

주소 | 서울시 강남구 테헤란로87길 22, 7151호(삼성동, 한국도심공항)
전화번호 | 대표번호 02-540-5192
          편집부 02-544-5194
FAX | 0504-479-4222
등록번호 | 제2-3348

ISBN 979-11-5616-326-8 13590
책값은 뒤표지에 있습니다.